电网融冰实用技术

贵州电网有限责任公司　编

中国水利水电出版社

www.waterpub.com.cn

·北京·

内 容 提 要

2008 年年初的一场 100 年一遇的冰冻雨雪灾害，成为电网防冰抗冰的重要转折点。本书对电网常用的融冰技术进行了汇编，对相关的创新成果及应用情况进行了通俗的应用性阐述、归纳、总结。

全书共分 15 章，主要包括概述、固定式直流融冰技术、移动式直流融冰技术、方式融冰技术、并联电容器融冰技术、可变电压交流融冰技术、固定电压交流融冰技术、架空地线融冰技术、多级电压调节融冰技术、多级阻抗限流融冰技术、负阻抗融冰技术、融冰接线优化创新技术、融冰线路的首端优化接线、融冰线路的末端优化接线和创新技术的推广应用情况及使用效果。全书内容丰富、强调实用性、重点突出，对电网融冰技术的发展和普及具有一定的指导意义。

本书可供电网融冰技术研究、设计、规划、运行和电气设备生产企业的技术人员使用，也可供高等院校等有关专业师生阅读参考。

图书在版编目（ＣＩＰ）数据

电网融冰实用技术 / 贵州电网有限责任公司编. --
北京：中国水利水电出版社，2018.11
ISBN 978-7-5170-7102-0

Ⅰ．①电… Ⅱ．①贵… Ⅲ．①电力系统－冰害－灾害
防治 Ⅳ．①TM7

中国版本图书馆CIP数据核字(2018)第254565号

书　　　名	**电网融冰实用技术** DIANWANG RONGBING SHIYONG JISHU
作　　　者	贵州电网有限责任公司　编
出 版 发 行	中国水利水电出版社 （北京市海淀区玉渊潭南路 1 号 D 座　100038） 网址：www. waterpub. com. cn E - mail：sales@waterpub. com. cn 电话：（010）68367658（营销中心）
经　　　售	北京科水图书销售中心（零售） 电话：（010）88383994、63202643、68545874 全国各地新华书店和相关出版物销售网点
排　　　版	中国水利水电出版社微机排版中心
印　　　刷	北京瑞斯通印务发展有限公司
规　　　格	184mm×260mm　16 开本　13.5 印张　320 千字
版　　　次	2018 年 11 月第 1 版　2018 年 11 月第 1 次印刷
印　　　数	0001—1200 册
定　　　价	**68.00 元**

本书编委会

主　　编　　李宏力

副 主 编　　吴建国

参编人员　　杨平安　　赖罗彬　　桂　腾　　周贵发　　周　澜

　　　　　　肖　颐　　石　杨　　艾琪智　　刘昌宏　　宋林艳

　　　　　　吴　卫　　黄天飞　　孔祥辉　　胡敏伦　　刘　洋

　　　　　　余　钢　　犹永开　　陈茉莉　　姜海波　　吴湘黔

　　　　　　马晓红　　张　迅　　曾华荣　　虢　韬　　吴怡敏

前 言
QIANYAN

2008 年 1 月，广泛影响中国南方的冰冻雨雪天气灾害，导致安徽、江西、河南、湖南、湖北、贵州、陕西等 14 个省（自治区、直辖市）同时受灾。这是 1954 年以来最严重的一次冰冻雨雪天气灾害。

这场特大低温凝冻天气袭击我国大部分地区，交通、运输、电力等各个领域均出现大面积、长时间停滞，给国民经济和人民生活造成巨大损失。

而作为黔南布依族苗族自治州州府的都匀市，在这场突如其来的冰冻雨雪灾害中，全城停电长达 12 天之久。灾后，中国南方电网有限责任公司（以下简称南网）积极应对，以安全科技武装自己，很快研发了固定式直流融冰装置、车载式直流融冰装置和融冰变压器等先进的设备用于防冰抗冰。

2008 年年末，南网首套和第二套固定式直流融冰装置在贵州电网有限责任公司（以下简称贵州电网）都匀供电局 500kV 福泉变建成，试验成功之后投入运行。在这之后，直流融冰装置和交流融冰装置在电网中得到广泛应用。通过这些高新技术的应用，有效地解决了导线覆冰导致的断线、倒塔等问题。

但是在新技术的应用过程中，发现存在以下问题：

首先是融冰接线问题。

（1）在融冰线路的首端需要将融冰母线与融冰线路相连接。实施方式为采用人工将预制好的连接导线，一端与融冰母线连接，另一端在高空与融冰线路连接。存在的问题为工作效率低、作业风险高。

（2）在融冰线路的末端需要将融冰线路三相短接（但不接地）。实施方式为采用人工将预制好的短接导线，将线路末端三相短接。存在的问题为工作效率低、作业风险高。

（3）对于车载式直流融冰装置和融冰变压器，由于这两种装置均为新产品，在现场安装时发现没有成熟可靠的接入方案。

其次是面对中低压线路的融冰问题。因为现有的融冰装置主要解决了220kV及以上线路的融冰问题，但面对110kV及以下的输电线路，特别是数量众多的10kV、35kV输电线路，由于其重要程度远远不如220kV及以上线路，因此基本上都没有安装直流融冰装置，仅有的几台融冰变压器和车载直流融冰装置无法满足众多的线路融冰需求，大多数线路都无法进行直流融冰。

在这样的背景下，贵州电网都匀供电局的工程技术人员在工程实践中开展了长期艰难的探索和创新，就解决上述存在的问题，在提高工作效率、降低安全风险方面取得了一系列实用的科技创新成果。

本书将贵州电网都匀供电局取得的成果和其他已经在应用的技术从实用化的角度进行了阐述和汇编，以供广大规划、设计、运行等从事防冰抗冰的人员阅读参考。

由于技术和知识的局限性，在编写过程中，难免存在疏漏、错误或不妥之处，恳请读者批评指正。

编者

2018 年 4 月

目 录
MULU

前言

第1章 概述 ·· 1

1.1 线路覆冰概述 ·· 1

1.2 融冰技术的发展 ······································ 3

1.3 融冰回路与常用的融冰除冰方法 ···················· 5

1.4 直流融冰方法 ·· 9

1.5 交流融冰方法 ·· 12

1.6 开展融冰工作的前提条件 ····························· 14

第2章 固定式直流融冰技术 ································· 15

2.1 直流融冰装置研发历程 ······························ 15

2.2 固定式直流融冰装置工程样机原理介绍 ··············· 17

2.3 固定式直流融冰装置的应用情况 ····················· 19

2.4 固定式直流融冰装置的优缺点分析 ··················· 70

第3章 移动式直流融冰技术 ································· 72

3.1 移动式直流融冰装置工程样机原理介绍 ··············· 73

3.2 移动式直流融冰装置的应用情况 ····················· 76

3.3 移动式直流融冰装置的优缺点分析 ··················· 80

第4章 方式融冰技术 ······································· 82

4.1 方式融冰的原理 ······································ 82

4.2 方式融冰在电网的应用情况 ·························· 83

4.3 方式融冰的特点分析 ································· 85

第5章 并联电容器融冰技术 ································· 87

5.1 并联电容器融冰技术原理 ···························· 87

5.2 并联电容器融冰技术的应用情况 ····················· 89

5.3 并联电容器融冰技术优缺点分析与展望 ··············· 90

第6章 可变电压交流融冰技术 ······························ 92

6.1 可变电压交流融冰技术原理与实施方式 ··············· 93

6.2　交流融冰变压器在现场的应用情况 ·································· 94

6.3　交流融冰变压器使用时的注意事项和不足之处 ·················· 99

第 7 章　固定电压交流融冰技术 ··································· 101

7.1　固定电压交流融冰技术的应用情况 ···························· 101

7.2　固定电压交流融冰使用时的注意事项和不足之处 ·············· 102

第 8 章　架空地线融冰技术 ·· 104

8.1　架空地线融冰技术原理和实施方式 ···························· 104

8.2　架空地线融冰在工程中的应用情况 ···························· 105

8.3　架空地线融冰技术特点分析 ·································· 110

第 9 章　多级电压调节融冰技术 ··································· 111

9.1　多级电压调节融冰技术原理 ·································· 111

9.2　多级电压调节技术的应用情况 ································ 112

9.3　多级电压调节融冰技术优缺点分析与展望 ···················· 112

第 10 章　多级阻抗限流融冰技术 ································· 114

10.1　多级阻抗限流融冰技术原理 ································· 114

10.2　多级阻抗限流融冰技术的应用情况 ·························· 115

10.3　应用情况小结 ·· 117

第 11 章　负阻抗融冰技术 ·· 119

11.1　负阻抗融冰技术原理 ······································ 119

11.2　负阻抗融冰技术的应用情况 ································· 120

11.3　负阻抗融冰技术优缺点分析与展望 ·························· 122

第 12 章　融冰接线优化创新技术 ································· 123

12.1　方法和原理 ·· 123

12.2　融冰接线优化技术背景 ···································· 125

第 13 章　融冰线路的首端优化接线 ······························ 129

13.1　现场有足够安装场地时的优化接线 ·························· 129

13.2　现场安装场地不足时的优化接线 ···························· 132

13.3　车载式直流融冰装置接入系统 ······························ 134

13.4　有旁路母线的融冰电源接入 ································· 137

第 14 章　融冰线路的末端优化接线 ······························ 139

14.1　融冰线路末端短接的现状 ·································· 139

14.2　现场有足够的安装场地时的优化方法 ························ 140

14.3　现场安装场地不足时的优化方法 ···························· 145

14.4　融冰电源侧（首端）作为融冰线路末端时的优化方法 ·········· 150

14.5　其他短接方式 ·· 152

14.6　架空地线融冰的接线优化 ································· 162

第 15 章　创新技术的推广应用情况及使用效果 ················· 170

15.1　成果应用概述 ······································· 170

15.2　成果应用情况 ······································· 172

15.3　效果对比 ··· 177

15.4　融冰接线优化技术分析 ······························· 180

附录 A　标准融冰电流值 ·································· 183

附录 B　贵州电网 500kV 线路融冰接线优化分析报告 ·········· 185

B.1　现状分析 ··· 185

B.2　加装隔离开关技术方案分析 ··························· 186

B.3　融冰线路首端搭接技术方案选择 ······················· 197

B.4　融冰线路末端短接技术方案选择 ······················· 198

参考文献 ··· 202

编后语 ··· 203

第1章 概　　述

1.1　线　路　覆　冰　概　述

1.1.1　线路覆冰的概念

当环境温度在 0℃以下时，过冷却水滴随风运动，遇到地面低于冰点的物体，释放潜热而冻结成冰覆盖层，如果覆冰凝结在线路上，就会造成线路覆冰。线路覆冰是由气象条件决定，是受温度、湿度、冷暖空气对流、环流以及风等综合因素决定的物理现象。在气象学上，线路覆冰称为"电线积冰"。

一般认为，线路覆冰需要同时具备如下条件：

（1）具有足可冻结水的气温，即 0℃以下。

（2）具有较高的湿度，即空气相对湿度一般在 85% 以上。

（3）具有可使空气中的水滴运动的风速，即大于 1m/s。

1.1.2　线路覆冰的形式

线路覆冰的形式一般有雾凇、雨凇、混合凇。

（1）雾凇是由过冷却雾滴或水汽升华直接凝结在 0℃以下物体上的一种白色松脆的冻结物。形状奇特各异，主要有粒状雾凇和晶体雾凇等。雾凇结构松散易脱落，形成时气温较低。雾凇出现次数多，维持时间长，强度大。其质松脆易脱落，附着力不强，密度较小（约 $0.5g/cm^3$），如图 1-1 所示。

（2）雨凇是过冷水滴直接凝固在处于 0℃以下物体上所形成的透明或半透明的毛玻璃状冰层，俗称"桐油凝"。是过冷却雨滴或低于 0℃环境下的毛毛雨与导线相碰并流入或汇集冻结前的一层连续膜上而形成的冻结物，为非结晶性覆冰，形成的环境温度一般以 $-4 \sim 0℃$ 居多，风速 $0 \sim 20m/s$，其形成过程是较大的水滴与导线碰撞冻结，当有风时，使更多的水滴与之相碰，在反复湿润碰撞下，形成未混入气泡的冻层，有人称"无泡冰"，一般密度约为 $0.9 \, g/cm^3$，附着力极强。雨凇强度大，冰层密实坚硬不易脱落，如图 1-2 所示。

（3）混合凇是雨凇和雾凇混合形成的。一种现象是先在线路上出现雾凇覆冰，由于天气变化，又出现雨凇，导线增加了过冷却水滴的碰撞面积和积冰率，低温毛毛雨持续不断，导线上堆积的冰也不断增加，依此反复循环，冰将导线包围起来，形成圆柱冰或椭圆冰。另一种现象是导线上先在迎风面形成雨凇结冰，当冰堆积到一定程度时，由于冰的自重产生偏心力矩，使导线转动，在冰柱上又形成雾凇。混合覆冰强度大，质量重，维持时间长，密度一般大于 $0.5\text{g}/\text{cm}^3$，如图 1-3 所示。

图 1-1　雾淞　　　　　　　图 1-2　雨淞　　　　　　　图 1-3　混合淞

1.1.3　线路覆冰产生的危害

在线路覆冰和融冰过程中，由于线路的受力情况发生较大的变化，可能发生以下危害：

（1）线路覆冰导致过荷载。

1）导线和地线。可能导致导地线从压接管内抽出来，导线外层铝股全断、钢芯抽出，甚至导致整根拉断或耐张线夹和悬垂线夹出口处附近导线外层若干股均断股。

2）金具。可能导致金具从悬垂线夹挂板处脱落，拉线锲形线夹断裂造成的倒杆。

3）电气间隙。因弧垂增大，导线对地间距减小可能造成闪络；因地线弧垂增大，风吹摆动可能造成与导线相碰或接近烧伤及烧断导地线。

4）杆塔结构。因导线和地线断开，可能导致直线杆塔头顺线路方向折断或变形；因导地线不对称布置，在垂直线路方向可能导致塔头折断或变形；断边导线、耐张双杆的两根杆身在不同方向扭断，可能导致由断导线引起拉线或拉线金具破坏而后顺线倒杆；因垂直荷载增大且有很大的偏心弯矩，可能导致压弯屈曲，在拉线点以下折断，垂直线路方向倒杆及吊杆因受力较大而从连接部分拉脱，造成横担头变形或折断。

5）杆塔基础。下沉、倾斜或爆裂可能引起塔身倾斜或倒杆。

6）绝缘子串。覆冰过载可能引起扭转、跳跃，使绝缘子串翻转、碰撞、变形、炸裂等。

（2）不均匀覆冰或不同期脱冰。

1）导线和地线。相邻档不均匀覆冰或不同期脱冰都会产生张力差，使导地线在线夹内滑动，严重时将使导线外层铝股在线夹出口处全断、钢芯抽动，造成线夹另一侧的铝股拥挤在线夹附近，长达 0.5～2m，悬垂线夹和耐张线夹都会有这种情况发生，而耐张线夹发生这种情况时危害更大。不均匀覆冰和不同期脱冰的区别在于前者张力差是静荷载，故线股断口有缩颈现象；后者张力差是动荷载，故线股断口无缩颈现象。

2）绝缘子损坏。因邻档张力不同，直线杆塔承受张力差，使悬垂绝缘子串偏移很大，碰撞横担，造成绝缘子损伤或破裂；弹簧销子锈蚀严重或变形损坏，造成绝缘子脱离事故。

3）电气间隙。张力差会使横担转动，导线碰撞拉线，使导线或拉线烧断造成倒杆断线事故；融冰时由于导地线的舞动造成导线间或导地线间的距离不够并引起跳闸，绝缘子串偏移也易使电气间隙不够而引起跳闸。

4）杆塔结构。不同期脱冰可使横担折断或向上翘起，或者使地线支架扭坏；覆冰不均匀可使横担扭转。

（3）绝缘子冰闪。

1）绝缘子覆冰或冰凌桥接后，绝缘强度下降，泄漏距离缩短。

2）融冰时，绝缘子局部表面电阻降低，形成闪络。

3）闪络发展过程中持续电弧烧伤绝缘子，引起绝缘子绝缘强度降低。

（4）覆冰导线舞动。不均匀覆冰会使导线产生自激振荡和舞动，从而造成金具损坏、导线断股及杆塔倾斜或倒塌等现象。

1.2　融冰技术的发展

2008年年初，特大低温凝冻天气袭击我国大部分地区，交通、运输、电力等各个领域均出现大面积、长时间停滞，给国民经济和人民生活造成巨大损失。图1-4～图1-11显示了覆冰给电网企业带来的灾难性的后果。

图1-4　倒塌的铁塔

图1-5　覆冰下受损的导线

图1-6　艰难的维修

图1-7　覆冰的线路

图 1-8　铁塔被压弯

图 1-9　灾难之后

图 1-10　覆冰导线

图 1-11　清除覆冰

　　面对冰灾，南网积极应对，很快研发了固定式直流融冰装置、车载式直流融冰装置和融冰变压器。

　　2008 年年末，南网首套和第二套固定式直流融冰装置在贵州电网都匀供电局 500kV 福泉变建成并成功投入运行。截至 2013 年年底，都匀供电局已经拥有 5 套固定式直流融冰装置、2 台车载式直流融冰装置和 3 台 10kV 交流融冰变压器。通过这些高新技术的应用，有效地解决了导线覆冰导致的断线、倒塔等问题。

　　但是在新技术的应用过程中，发现以下问题：

　　（1）在融冰线路的首端需要将融冰母线与融冰线路相连接。实施方式为采用人工将预制好的连接导线，一端与融冰母线连接，另一端在高空与融冰线路连接。存在的问题为工作效率低、作业风险高。

　　（2）在融冰线路的末端需要将融冰线路三相短接（但不接地）。实施方式为采用人工将预制好的短接导线，将线路末端三相短接。存在的问题为工作效率低、作业风险高。

　　（3）对于车载式直流融冰装置和融冰变压器，由于这两种装置均为新产品，在现场安装时发现没有成熟可靠的接入方案。

　　如何解决上述存在的问题，提高工作效率、降低安全风险，就成为加强电网安全可靠运行、促进经济社会全面协调可持续发展的关键。

　　为提高融冰工作效率和降低融冰接线的安全风险，结合电网的实际情况，作者所在的单位技术人员进行了全面细致的研究，系统地研究了各种融冰装置（包括固定式直流融冰装置、车载式直流融冰装置和 10kV 交流融冰变压器）如何安全快捷地接入系统和融冰线路末端如何安全快捷地进行三相短接，并在现有技术上进行了大胆的优化和创新。研究成果"具有融冰跨越连接功能的隔离开关"获得南网 2013 年度优秀专利三等奖（同时获得贵州电网 2013 年度优秀专利二等奖）；"带防雷功能的融冰隔离开关"获得南网 2015 年度优秀专利三等奖（同时获得贵州电网 2015 年度优秀专利二等奖）；研究项目还获得 2016 年度全国电力职工创新二等奖。

从 2011 年年底开始，部分成果的现场实际应用为电网企业带来的直接经验效益达到 1520.909 万元，经济效益显著。同时，在电网融冰接线优化领域取得了一系列具有自主知识产权的原创性成果，通过总结和提炼项目推广和后续研究成果，共获得实用新型专利 8 项，申请发明专利 1 项（进入实审阶段）。在各类学术期刊发表论文 4 篇。

1.3 融冰回路与常用的融冰除冰方法

目前国内外有文献记载的融冰除冰方法约有 30 余种（详细内容可参考文献［9］），大致可分为机械除冰法、自然除冰法和势力除冰法三大类，主要有电磁脉冲除冰、人工除冰、复合导线融冰、化学涂料防冰、可控硅整流融冰和交流短路融冰等。

1.3.1 融冰回路

要对线路进行融冰（这里所指的融冰，是特指热力融冰，如直流融冰、交流短路融冰），则必须将线路的一端与融冰电源连接（这一端称为融冰线路的首端），线路的另一端三相短路连接（该端称为融冰线路的末端），如图 1－12 和图 1－13 所示。

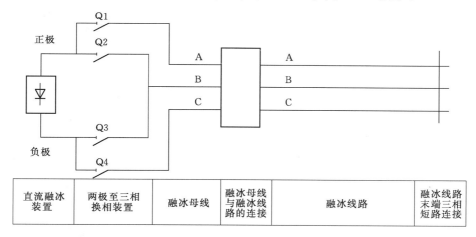

图 1－12 融冰回路原理图

1.3.2 融冰除冰方法概述

1.3.2.1 机械除冰法

机械除冰法是最古老、最原始但也是最有效的一种除冰方法。机械除冰法主要利用输电线路导线的力学效应破坏覆冰的力学平衡使其脱落。以电磁脉冲除冰、滑动铲刮除冰和人工除冰为主。电磁脉冲除冰是利用电容器冲击放电和电流通过线圈产生脉冲磁场，从而在导线中产生涡流，涡流的磁场与线圈磁场产生斥力使导线产生扩张，脉冲消失后导线收

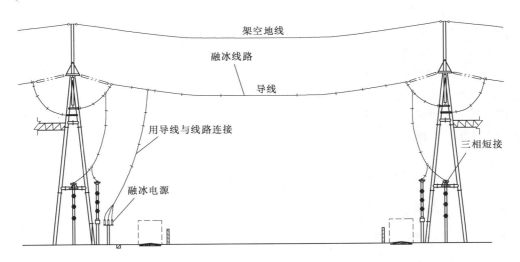

架空地线

融冰线路

导线

用导线与线路连接

三相短接

融冰电源

图 1－13　融冰回路断面图

缩到原状态，反复的扩张和收缩使导线表面的覆冰胀裂掉落。滑动铲刮除冰法是将电容器的冲击放电电流通过线圈产生的脉冲磁场转换为执行机构的脉冲力，通过执行机构将导线表面的覆冰击裂。人工除冰法存在的最大问题是效率极低，需要大量人力，一般仅适用于作业环境好、100km 左右的输电线路的除冰。

还有一种由加拿大魁北克水电公司提出的电磁力除冰法，其原理是在线路额定电压下短路，短路电流产生的电磁力使导线相互撞击，使覆冰脱落。这种方法的应用会给系统带来稳定性问题，线路压降也比较大，不推荐使用。

此外还有滑轮铲刮法，是一种由地面操作人员拉动一个可在线路上行走的滑轮达到铲除导线覆冰的方法，此种方法是目前唯一得到实际应用的输电线路机械除冰法，但其被动性强，无防冰效果，工作强度大，安全风险高，工作效率低，易受地形地貌以及输电线路高度的限制，是一种原始但很有效的除冰方法。

图 1－14～图 1－21 展示了一些机械除冰的现场图片。

图 1－14　用绳子除冰

图 1－15　射击除冰

图 1-16 用竹竿除冰 1

图 1-17 用竹竿除冰 2

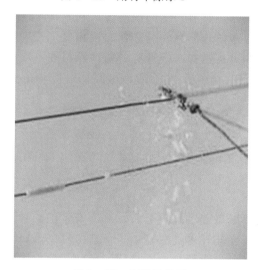

图 1-18 用滑轮除冰

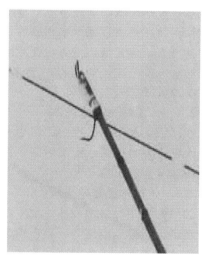

图 1-19 用绝缘杆除冰

图 1-20 人工敲击除冰 1

图 1-21 人工敲击除冰 2

1.3.2.2 电磁脉冲除冰

采用电磁力或电磁脉冲使导线产生强烈而又在控制范围内的振动来除冰的方法对雨淞效果有限，除冰效果不佳。由于这种除冰法在输电线路上使用时具有操作困难、安全性能不完善等缺点，在我国输电线路除冰中应用较少。

1.3.2.3　自然被动除冰法

自然被动除冰法是利用风或其他自然力的作用，再辅以恰当的人工设备，例如在导线上安装阻雪环、平衡锤等装置，使冰雪不易在导线上聚结而自行脱落，从而起到防冰、除冰作用。此类方法简便易行，成本低，但通常只在特定时间和地域（如多风季节的山脊、风口）有效，不能全面彻底地防止输电线路覆冰灾害。正在研究中的输电线路防覆冰涂料也是一种被动除冰方法。被动除冰法虽不能保证可靠除冰，但无需附加能量；虽不能阻止冰的形成，但有助于限制冰灾。例如：Admirat、Yasui 等人使用的平衡锤技术可防止导线旋转；Goia 和 Chirita 采用的在给定过负载条件下允许导线升降的技术可减小倒杆塔的概率或防止倒杆塔事故发生，并有助于确保冰灾事故后线路迅速恢复送电。在导线上安装阻雪环、平衡锤等装置的自然除冰法，可使导线上的覆冰堆积到一定程度时，依靠风力、地球引力、辐射以及温度突变等作用自行脱落。该法简单易行，但可能因不均匀或不同期脱冰产生导线跳跃的线路事故，不能保证可靠除冰，具有一定的偶然性。利用憎水性和憎冰性涂料防冰是通过减少水和冰与导线的附着力来防止结冰，与其他方法相比，在工程上简单易行，成本较低，是防止覆冰的具有潜力的可行途径。但现有的防冰涂料并不能从根本上防止冰的形成，而只有在足够的辐射下才能生效，在气温低，水雾呈过冷却的情况下，防冰效果较差。

1.3.2.4　人工降雨技术除冰

在冰灾天气下，天空中必定会有大量积雨云，为人工降雨提供了必要条件，只要能够降下大雨，并且持续一定的时间，就能够消除降雨范围内的所有覆冰，对缓解电网输电线路的覆冰具有积极意义。

1.3.2.5　组建常温超导电网

如果常温超导技术成熟，加上各电源点的不断增多和合理分布，则所有常温超导技术的应用可以将升压变压器、高压输电线路、降压变压器等高压输电设施和 6～110kV 的配电网络均可省略。未来的电网将非常简单：从超导发电机出口直接通过低压超导电缆输送到城市中心配电箱，再由配电箱输送到低压用户。这样的电网，从根本上杜绝了覆冰的影响。

1.3.2.6　热力除冰方法

热力除冰法的基本原理是在线路上通过高于正常电流密度的传输电流以获得焦耳热进行融冰。常见的热力除冰法如下：

（1）过电流防冰融冰法。调度通过改变潮流分布增大线路的负荷电流而使得导线发热达到防冰融冰目的。这种方法适用于截面较小的 110kV 及以下线路，对更高电压等级线路，由于截面大，并受系统容量和运行方式限制，无明显作用。

这是目前电网公司广泛采用的一种融冰方法：方式融冰法。

（2）基于移相器的带负荷融冰法。随着输电网络 FACTS 设备的大量应用，电网在潮流控制方面更加灵活有效，通过改变潮流分布的融冰方法能够在应对冰灾方面发挥更大的作用。基于移相器的带负荷融冰（on - load network de - icer）法，即 ONDI 法，最早在1990 年提出，并在此后得到了发展。此方法利用移相变压器角度的变化改变平行双回线的潮流分布，通过增加其中一回线的电流来增加线路发热，达到融冰的目的。

（3）高频激励融冰。20世纪末，Charles R Sullivan等提出了用8～200kHz高频激励融冰的方法，机理是高频下冰是一种有损耗电介质，能直接引起发热，且集肤效应导致电流只在导体表面很浅范围内流通，造成电阻损耗发热。

（4）交流短路电流融冰法。人为将融冰线路一端的两相或三相短路，而在另一端提供融冰交流电源，以较大短路电流（控制在导线最大容许电流范围之内）来加热导线，将附着的冰融化。

这种方法在国内外都达到了实用化的阶段，1993年加拿大Manitoba水电局开始采用的短路电流融冰，俄罗斯巴什基尔电网以及我国湖南电网也大量应用了短路融冰技术。对于500kV线路，多采用大截面和多分裂导线，很难做到在短路条件下以系统电源提供较大电流（大部分为无功电流）。而其直流电阻只有交流阻抗的1/10，因此采用直流融冰需要的电源容量就小得多。这种方法也在电网得到广泛应用。

（5）直流融冰法。直流融冰技术的原理是将覆冰线路作为负载，施加直流电源，用较低电压提供短路电流加热导线使覆冰融化。可采用发电机电源整流和采用系统电源的可控硅整流两种方案。前者虽可减少投资但却受发电机组容量与融冰所需容量的限制，大多情况都不满足需求。因此采用系统电源的可控硅整流融冰是热力融冰法中的热点，其适用性更强，可根据不同情况调节直流融冰电压，使之满足不同应用环境的需要，是现有融冰方法中最理想的一种。国内外一致认为，对于出现在局部范围内的输电线路覆冰问题，导线的机械除冰方法可作为一种辅助措施；对于发生在大范围的输电线路覆冰问题，导线热力融冰法中的直流融冰方法是最有效的。

1.3.2.7 其他除冰方法

除上述方法外，电子冻结、电晕放电和碰撞前颗粒冻结、加热等方法也正在研究中。电子冻结技术只在负极性下有效，这将大大降低其使用性。电晕放电技术已证明对除冰无效。利用微波加热雾滴技术则需要大量能源。

以上除冰方法中，有的方法原始而有效，有的方法只停留在理论上，还有近乎科幻（常温超导电网）的一劳永逸免除覆冰侵害的方法。但是它们都各有缺点：要么工作效率低、作业安全风险高；要么理论上可行，却在现阶段对输电线路的融冰除冰工作没有什么帮助。

因此，本书只重点介绍热力除冰方法（即直流融冰方法和交流融冰方法），其他方法不再一一介绍。

1.4 直 流 融 冰 方 法

1.4.1 基本原理

文献［9］中做出如下介绍：在应用直流电流进行融冰时，为确保不使导线过热而损坏线路，需要对融冰电流的大小和融冰时间进行计算。导线在融冰过程中包括两个热交换过程：①导线和冰层的热传递；②冰表面和空气之间的热交换。导线通电流后产生焦耳热，热量通过冰层传到冰的表面，使冰表面温度升高到 t_s，冰表面再和空气以辐射散热和对流散热的形式进行热交换。当冰表面和空气交换的热量与导体产生的热量相等，且导线—冰交界面的温度为冰的融点温度（0℃）时，冰将处于融和不融的临界状态。此时导线不覆冰时流过的最小电流称为防止导线覆冰的临界电流 I_c，其计算公式为

$$I_c = \frac{D}{\rho}\left[(t_s - t)(\pi h + \pi\sigma\varepsilon t^3 + 2EVWC_w) + 2EVW_E L_v\right] \tag{1-1}$$

式中　　D——导线外径，m；

ρ——导线电阻率，Ω/m；

t_s——导线表面温度，K；

h——对流换热系数，$\text{W}/(\text{m}\cdot\text{K})$；

σ——Stefan – Boltcomann 常数，$\sigma = 5.67\times10^8\,\text{W}/(\text{m}^2\cdot\text{K}^4)$；

ε——导线黑度，新线取 0.23～0.43，旧线取 0.9；

E——导线对空气中过冷却水滴的捕获系数；

V、W、t——湿空气或过冷却水滴的移动均匀速度、含湿量和温度；

C_w——水的定压比热容，$C_w = 4.18\text{kJ}/(\text{kg}\cdot\text{K})$；

W_E——在导线表面蒸发的液体含量；

L_v——水的汽化潜热，$L_v = 2.26\times10^3\text{kJ}/\text{kg}$。

式（1-1）表明，I_c 主要取决于外部气象条件和导线本身的物性参数。一般来说，线路一旦铺设好，导线型号基本不会改变，只要知道覆冰时的气象条件，通过合理选择这些参数就可确定 I_c。

融冰所需时间的计算公式为

$$T = \frac{\left[C_i(273.15 - T_a) + L_f\right] - \rho_i R_i\left(2R_0 - \dfrac{\pi R_i}{2}\right)}{I^2 R_e} \tag{1-2}$$

式中　　C_i——冰的比热；

T_a——气温；

ρ_i——冰的密度；

R_0——覆冰后导线平均半径；

R_i——不覆冰时导线半径；

I——融冰电流；

R_e——单位长导线在 0℃时的电阻。

根据式（1-1）和式（1-2）可以得出结果，见表 1-1（最小融冰电流和融冰时间的计算条件是：温度-5 ℃，风速 5m/s，覆冰厚度 10mm）。

由表 1-1 数据可知，对于交流线路的融冰，由于其融冰电流和所需电源容量大小适中，可以较容易地设计出合适的可控硅融冰装置。而长距离直流输电线路融冰所需电流和电源容量很大，需要根据直流输电系统的特点研究可行的特殊方式下的保线方案。附录 A 给出了各种工程中常用导线的标准融冰电流值，供融冰时参考。

表 1-1		不同输电线路融冰电流、融冰时间及所需电源容量				
线路电压等级	导线型号	线路长度 /km	最小融冰电流 /A	融冰时间 /min	融冰电源容量 /MW
10kV 交流线路	LGJ-150/35	5	440	128	0.4
110kV 交流线路	LGJ-300/50	20	715	115	2.0
220kV 交流线路	LGJ-2×240/40	20	1168	119	17.9
500kV 交流线路	LGJ-4×400	100	3350	89	43.3
500kV 直流线路	LGJ-4×720/50	850	5254	126	484

1.4.2 实现方式

1.4.2.1 固定式直流融冰

固定式直流融冰的原理是：将两相或者三相导线一端接入固定式直流融冰装置（图 1-22），另外一端短路，通过直流融冰装置将直流电流注入导线加热来达到融冰的目的。直流融冰方案从技术上可适用于各级电压等级的不同导线截面的线路。也可以根据不同的应用条件采用不同形式、不同容量的直流融冰装置（图 1-23）。直流融冰方法广泛应用于贵州电网 110kV 及以上线路的融冰。

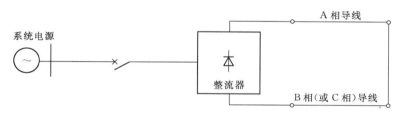

图 1-22 "1-1" 融冰方式接线原理图

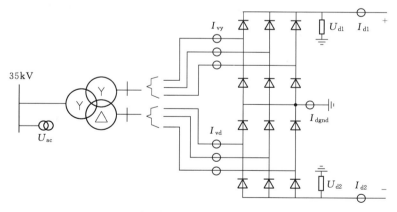

图 1-23 直流融冰装置（带整流变）原理图

1.4.2.2 车载式直流融冰

车载式直流融冰方法原理与直流融冰原理一样，不同之处在于车载直流融冰装置可在各个变电站间移动融冰，是对直流融冰装置覆盖面不全的有力补充。车载式直流融冰装置的额定电流为 1000A，额定电压为 13kV，可对截面为 50～240mm² 的导线进行直流融冰；车载式直流融冰装置需要从变电站的 10kV 母线处取得融冰电源，同时还需从变电站接入交流和直流控制电源，控制信号等。具体接线方式如图 1-24 所示。

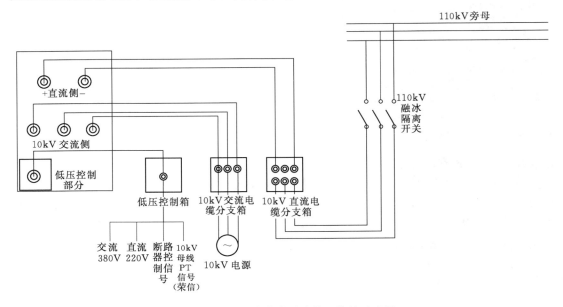

图 1-24　车载式直流融冰装置接线示意图

1.5　交流融冰方法

交流融冰是为融冰线路提供较大交流电流，增大线路发热量，使导线上覆冰融化的一种融冰技术。依据融冰线路末端的不同接线方式，交流融冰分为负荷融冰和短路融冰，负荷融冰采用线路带负荷正常运行的接线方式，短路融冰采用线路末端短路的接线方式。其中短路融冰又可根据融冰电源的不同类型分为以变压器提供融冰电源和以发电机提供融冰电源两类融冰方式。

负荷融冰是指在不停运覆冰线路，系统能够正常供电的情况下，通过适当的技术措施提高覆冰线路的负荷电流，实现保线融冰的方法。国内外提出的负荷融冰方法较多，主要的负荷融冰方法有方式融冰、基于移相器的带负荷融冰、利用自耦变压器对多分裂导线进行融冰、无功电流融冰等。负荷融冰中的方式融冰不需要增加辅助设备，通过方式调整、改变潮流分布、增大覆冰线路负荷电流实现融冰。基于移相变压器的带负荷融冰利用移相变压器角度的变化改变平行双回线的潮流分布，增大其中一回线的电流从而增加线路发热，达到融冰的目的。该方法需要在线路上安装移相变压器，融冰过程会增加系统无功转移量，对系统稳定会产生影响。利用自耦变压器对多分裂导线进行融冰利用自耦变压器的电压差，在分裂导线间产生强迫的融冰电流，增大导线发热量而融冰。这种方法要求分裂导线间彼此绝缘，对线路的改造工作量大。无功电流融冰是在不改变负荷正常供电的情况下，通过各种措施控制无功功率输出，增大线路无功电流实现融冰，由于对无功功率较难控制，且对系统稳定影响较大，所以该方法适用性不强。

综上所述，负荷融冰中，方式融冰是在工程应用中使用最为广泛的融冰方法，本书将重点介绍方式融冰。

传统的短路融冰操作大多在变电站间进行，所以将变电站内变压器提供交流电源的短路融冰方式称为交流短路融冰。交流短路融冰是指将线路的一端短路，另一端通过改变接线方式或利用辅助设备、配套装置，从变压器获得所需交流融冰电源，为融冰线路提供较大短路电流来加热导线从而融冰。

近年来，电力科学工作者在工作实践与研究中发现，通过发电机提供电源同样可以对线路实施交流融冰，但由于发电机内部结构的特殊性，以发电机提供融冰电源时必须采用零起升流的方式，所以将发电机提供电源的短路融冰方式称为发电机零起升流融冰。发电机零起升流融冰将融冰线路与发电机相连，通过缓慢增加发电机励磁电流逐步提高线路电流至一定数值实现融冰。短路融冰在国内外都有较多的应用，对于难以进行技术改造的重要线路而言，是一种较为经济、有效的融冰措施。

交流融冰属于热力融冰的范畴，其最终目的都是增大线路电流从而增大发热量，使导线上的覆冰融化，所以确定好融冰电流是各融冰方法最基本的实现条件。融冰需要的电流值根据线路环境参数的覆冰值、温度、导线温升、湿度、风速以及线路型号等参数计算，在温度 $-5℃$、风速 $5m/s$、覆冰厚度为 $10mm$ 的环境条件下，常用导线型号对应的不同时间的融冰电流见表 1-2。

表 1-2　　　　　　　　　常用导线型号对应的不同时间的融冰电流

导线型号	直流电阻 R/$(\Omega \cdot km^{-1})$	交流电阻 Z/$(\Omega \cdot km^{-1})$	保线电流/A	15min融冰电流/A	30min融冰电流/A	60min融冰电流/A	最大容许电流/A
LGJ-630	0.04095	—	900	1970	1500	1200	2360
LGJ-500	0.0536	—	765	1650	1250	1000	1970
LGJ-400	0.0656	—	660	1450	1100	880	1720
LGJ-300	0.0874	—	560	1170	890	720	1420
LGJ-240	0.1071	0.3996	470	1000	765	620	1220
LGJ-185	0.1419	0.4188	390	830	640	520	1020
LGJ-150	0.1780	0.4401	340	700	540	440	880
LGJ-120	0.2313	0.4690	317	610	455	395	793
LGJ-95	0.2714	0.4950	300	535	420	345	680
LGJ-70	0.3803	0.5711	235	395	310	260	520
LGJ-50	0.5227	0.6813	170	340	265	220	430

要求融冰电流大于导线的最小融冰电流，但不是越大越好，因此必须将融冰电流值限制在导线的最大容许电流范围内。值得注意的是，一条输电线路通常采用几种不同型号的导线，选用的融冰电流既要小于该线路中最小型号导线的最大容许电流，又要大于最大型号导线的最小融冰电流。此外，还要确保融冰电流小于发电机或变压器输出端的额定

电流。

1.6　开展融冰工作的前提条件

当线路覆冰达到以下条件时，具备融冰条件的线路应及时向调度部门申请融冰：

（1）线路覆冰比值超过 0.5，且预计未来 3 天线路所处地区天气持续符合覆冰条件时。

（2）同时满足以下 3 个条件时：①中、重冰区线路覆冰比值超过 0.4；②在线监测观冰每 8h 内覆冰厚度增加超过 5mm 或人工观冰 24h 内覆冰厚度增加超过 7mm；③预计未来 3 天线路所处地区天气持续符合覆冰条件。

（3）当多条线路同时达到融冰条件时，调度部门应根据系统运行情况优先安排关键重要线路融冰。

第 2 章　固定式直流融冰技术

2.1　直流融冰装置研发历程

2008 年 1—2 月，历史罕见的低温雨雪冰冻天气导致贵州大部分地区、广西桂北地区、广东粤北地区、云南滇东北地区电网设施遭到严重破坏，据统计，截至 2008 年 3 月 1 日，冰灾共造成全国范围电网停运电力线路 36740 条，停运变电站 2018 座，110～500kV 线路 8381 基杆塔倾倒及损坏，全国 170 个市（县）发生供电中断。其中，整个南网因为覆冰所造成的经常损失达数百亿元。

固定式直流融冰装置通过对输电线路进行短路加热，使输电线路导线的温度上升从而达到融冰保护输电线路的目的。它通过电力系统自身的能量再反馈给自身加热，以牺牲很小的电能量来保护输电线路不倒塔，从而保护整个输电主网络的安全稳定运行。

为提高电网应对低温雨雪冰冻等极端气候造成的重大自然灾害的能力，通过深入的调查研究和多次专家论证，南网确立了覆冰区域输电线路加固和抗融冰技术应用相结合的电网抵御大范围冰灾的原则，迅速启动并实施南网抗灾减灾工程，安排重大科技专项开展电网抵御极端天气灾害关键技术的研究工作，启动 14 个重点攻关项目。而在冰灾中全"黑" 12 天的都匀供电局 500kV 福泉变直流融冰工程正是其中之一。

2008 年 2 月开始，南网牵头与国内外科研院所、设计和设备制单位共同开展直流融冰关键技术的研究。根据前期研究结果，研发出 3 种直流融冰装置样机：主要适用于 500kV 输电线路的大容量固定式直流融冰装置，主要适用于 220kV 和 110kV 输电线路的站间移动式直流融冰装置，主要适用于 35kV 及以下电压等级输电线路的小容量（例如 500kW）移动式直流融冰装置样机。

直流融冰装置示范工程的实施地点位于贵州电网 500kV 福泉变电站，示范成功后拟在贵州其他 500kV、220kV 变电站和广西桂北地区、广东粤北地区和云南滇东北地区进行推广，用于 500kV、220kV 和 110kV 线路融冰。

在 2008 年年初冰灾期间，南网研究中心就开始进行直流融冰技术的可行性研究，并与国内外厂商和科研院所进行了深入的技术交流，2008 年 3 月，通过多次专家论证会确定南网直流融冰装置样机研制方案和关键参数，编制了技术规范书。3 月底招标确定了直流融冰装置样机合作生产单位。

2008 年 4 月 20 日在南京召开直流融冰装置样机生产第一次设计联络会，确定了样机的生产方案。

2008 年 5 月 9 日在广州召开了直流融冰装置福泉变电站接入系统初步设计审查会，确定了变电站接入系统方案。

2008 年 6 月 4 日在南京完成了大容量整流装置的大电流（4320A）试验，验证了 5 英寸晶闸管能够提供 500kV 交流线路所需融冰电流。

2008 年 6 月 19 日完成 500kW 移动式直流融冰装置整流器调试和试验，试验项目包括关键的满载试验（直流侧输出电压 500V，电流 1000A）和 2h 过负荷试验（直流输出电流 1200A）。

2008 年 7 月 18 日完成固定式和站间移动式直流融冰装置控制保护厂内试验；2008 年 7 月 29 日完成了固定式和站间移动式直流融冰装置样机本体出厂试验。

2008 年 7 月 16 日完成 500kW 移动式直流融冰装置整流器和谐波无功补偿器（包括 5 次、7 次和 11 次三个支路）的联合试验，谐波无功补偿器能够有效改善融冰装置电源侧的电压谐波畸变率，提高功率因数。

2008 年 7 月 25 日西南电力设计院完成福泉变电站改造设计工作。

2008 年 8 月 5 日固定式和站间移动式直流融冰装置厂内通电运行试验在常州变压器厂高压试验站成功完成。厂内通电运行试验的成功完成标志着固定式和站间移动式直流融冰装置已经研发成功。

2008 年 8 月 13 日完成 500kW 移动式直流融冰装置现场试验。试验线路为铜仁供电局 110kV 川太锦线，线路长度为 2.5km。以 500kVA 发电车作为电源，试验电流最大为 500A，导线最大温升约为 15℃。

2008 年 8 月 15 日南网研究中心编制完成了固定式和站间移动式直流融冰装置现场调试方案。

2008 年 9 月 4—5 日完成在 500kV 福泉变电站完成了 25MW 站间移动式直流融冰装置现场试验，试验线路为 220kV 福都线。整个现场调试过程包括不带电顺序操作试验、不带电跳闸试验、充电试验、开路试验、抗干扰试验、带融冰线路小电流试验、带融冰线路大电流试验等调试项目。经过近两天的调试，随着最后大电流试验的融冰试验电流稳步升至 2000A，试验线路、金具、接头和直流融冰装置各设备运行正常，220kV 福都线线路温升达到 30℃，整个调试工作取得圆满成功。如图 2-1 所示。

图 2-1　南网第一套直流融冰装置（25MW）

2008年10月12日13时18分，南网60MW直流融冰装置样机输出直流电流平稳升至4000A，500kV福施Ⅱ线温度升到30℃，国内首套直流融冰装置样机全面研制成功，为电网应对低温雨雪冰冻等极端气候增加了新的技术措施。如图2-2所示。

图2-2 南网第二套直流融冰装置（60MW）

融冰装置样机研制成功后，南网将按计划推广应用。目前公司正抓紧落实提高电网抗灾保障能力的三项措施，如122条重点线路的加固改造、投运融冰装置和建成应急通信网，确保电网再遭受类似的重大自然灾害时，能够具备更强的抵御能力。

2012年1月，南网第一批车载式直流融冰装置在贵州电网得到成功应用，如图2-3所示。

图2-3 南网第一批车载直流融冰装置

2.2 固定式直流融冰装置工程样机原理介绍

直流融冰的技术原理为：利用整流装置将50Hz的正弦交流电转变为6脉动或12脉

动的直流电（这个直流电并非真正意义上直流，其中包含了很多高次谐波），再将直流电源输送至融冰线路，利用电流产生的热效应将覆冰融化。

直流融冰装置在工程实践中的接线方式主要有 10kV 6 脉动直流融冰装置、35kV 12 脉动直流融冰装置和车载式直流融冰装置三种。

（1）工程实践中典型的 10kV 6 脉动直流融冰装置接线如图 2-4 所示。

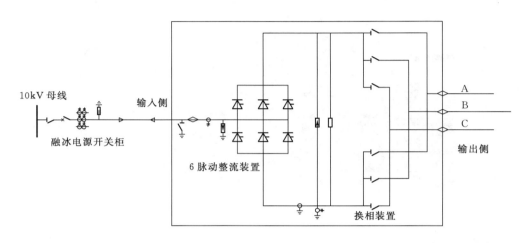

图 2-4　6 脉动直流融冰装置接线图

整个融冰装置由融冰电源开关柜取得交流电源，电源输入至 6 脉动整流装置，经过整流变成直流电源（2 极），再经过换相装置后输出至三相融冰母线。

由于没有整流变压器，因此该融冰装置工作时产生的大量谐波会向电力系统输出，从而对系统造成较严重的谐波污染。

（2）工程实践中典型的 35kV 12 脉动直流融冰装置接线如图 2-5 所示。

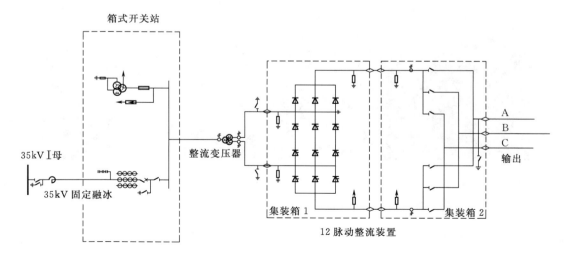

图 2-5　12 脉动直流融冰装置接线图

融冰装置从 500kV 主变低压 35kV 侧取得交流电源，经过整流变压器后输入至 12 脉动整流装置，经过整流变成直流电源（2 极），再经过换相装置后输出至三相融冰母线。

由于有了整流变压器，因此该融冰装置工作时产生的大量谐波会被整流变压器隔离，因此融冰装置工作时产生的谐波对电网的影响很小。

（3）工程实践中典型的车载式直流融冰装置接线如图 2-6 所示。

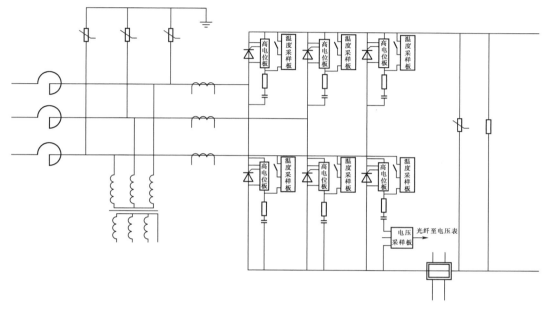

图 2-6　车载式直流融冰装置接线图

该移动式直流融冰装置从变电站 10kV 电压母线取得电源（电源功率不小于 12MW），输出侧直接与融冰线路连接即可。

2.3　固定式直流融冰装置的应用情况

2.3.1　应用于没有旁路母线的变电站应用

本小节以某 500kV 线路融冰现场处置方案，来介绍固定式直流融冰装置在没有旁路母线的变电站中的应用。

2.3.1.1　概述

（1）线路概况及参数见表 2-1。

（2）融冰方式：固定式直流融冰。

（3）观冰点：500kV 醒福线观冰点：016 号、145 号。

（4）接线点：首端搭接点为 500kV 福泉变，5053RB 融冰断路器；末端短接点为 500kV 醒狮变，500kV 醒福线阻波器靠线路侧 0.5～0.8m 处。

表 2 - 1　　　　　　　　　　　　　线 路 概 况 及 参 数

线路名称	起止杆段	杆段长度 /km	导线型号	设计冰厚 /mm	地线绝缘 方式
500kV 醒福线	001～011 022～036 040～044 053～097 098～105 145～163	46.702	4×LGJ-400/50	10	非全绝缘
	011～022 036～040 044～053 105～145	22.467	4×LGJ-400/50	20	非全绝缘

（5）相关人员及联系方式（附件 2.3.1.1）。

（6）适用范围：适用于调度、输电、变电等部门现场开展 500kV 醒福线直流融冰工作。

2.3.1.2　融冰启动条件

（1）在线路覆冰达到以下条件之一时，运检公司向贵州电网防冰办公室提出融冰申请：

1）线路覆冰比值达 0.5。

2）24h 内覆冰厚度增速达到 7mm，覆冰比值超过 0.4，且预计短期天气持续符合覆冰条件，覆冰将可能进一步快速增长。

3）其他认为有必要融冰的情况。

（2）经贵州电网防冰办公室会商确定需要进行融冰，由运检公司向贵州中调申请500kV 醒福线融冰。

2.3.1.3　融冰准备工作

（1）风险点分析、预防控控制及应急措施（附件 2.3.1.3）。

（2）系统风险评估：低谷时段操作融冰无风险，若在高峰时期操作融冰，青岩变、醒狮变供电区域最大限负荷约 300MW。

（3）线路运维单位负责的准备工作：运检公司安排观冰组到达 500kV 醒福线 016 号、145 号观冰点（附件 2.3.1.9），做好融冰效果观测准备（附件 2.3.1.11）。

（4）变电部门负责的准备工作。

1）都匀供电局 500kV 福泉变变电运行人员在 500kV 福泉变做好 500kV 第五串醒福线 5053 开关间隔、500kV 第五串联络 5052 开关间隔设备操作（融冰时可根据当时运行方式进行调整）及融冰母线、变电站设备的红外热成像检测准备工作，检查确认融冰装置处于正常状态，站内融冰回路完好。

2）贵阳供电局 500kV 醒狮变变电运行人员在 500kV 醒狮变做好 500kV 第三串醒福线 5033 开关间隔、500kV 第三串联络 5032 开关间隔（融冰时可根据当时运行方式进行调整）及变电站设备的红外热成像检测准备工作。

3）贵阳供电局 500kV 醒狮变末端短接工作组在 500kV 醒狮变、500kV 醒福线阻波器靠线路侧做好末端三相短接准备工作。

2.3.1.4 融冰实施步骤

1. 融冰线路停运

（1）根据贵州中调指令，500kV 福泉变、500kV 醒狮变将 500kV 醒福线转为冷备用状态。

（2）根据贵州中调指令，500kV 福泉变、500kV 醒狮变将 500kV 醒福线转为检修状态。

2. 融冰方式接线

（1）根据贵州中调许可，500kV 醒狮变变电运行人员通知 500kV 醒狮变末端短接工作组负责人开始末端三相短接线安装工作。

（2）500kV 醒狮变末端短接工作组负责人组织贵阳供电局输电管理所配合变电管理所在 500kV 醒狮变、500kV 醒福线阻波器靠线路侧 1m 处搭设临时接地线。在搭接临时接地线前，500kV 贵阳变变电运行人员必须同末端短接工作组作业人员到达工作现场进行安全交底，并验明工作地段无电。

（3）封闭接地搭设完成后，末端短接工作组在 500kV 醒狮变 500kV 醒福线阻波器靠线路侧 0.5～0.8m 处将线路三相短接线（见附件 2.3.1.8、附件 2.3.1.12）。

（4）末端三相短接工作完成，临时安全措施拆除、工作人员撤离后，500kV 醒狮变末端短接工作组负责人汇报 500kV 醒狮变变电运行人员，由 500kV 醒狮变变电运行人员汇报贵州中调短接工作已经完成。

（5）根据贵州中调指令，500kV 醒狮变、500kV 福泉变将 500kV 醒福线转为冷备用状态（500kV 醒狮变 500kV 醒福线阻波器靠线路侧已经三相短接）。

（6）根据现场运行规程规定，合上 5053RB 融冰断路器将 500kV 福泉变（线路首端）融冰母线（电源）与融冰线路连接。

3. 进行融冰

（1）贵州中调核实线路融冰方式接线工作已完成，临时安全措施已拆除、工作人员已撤离后，通知 500kV 福泉变、醒狮变变电运行人员及运检公司值班室，线路具备融冰条件。

（2）500kV 福泉变变电运行人员设置融冰电流（附件 2.3.1.4），启动装置实施融冰；500kV 福泉变融冰操作工作组负责人通知运检公司值班室融冰开始。

（3）运检公司现场观冰组负责人向运检公司值班室汇报线路融冰情况，由运检公司值班室向 500kV 福泉变融冰操作工作组负责人通报线路融冰情况。

（4）500kV 福泉变融冰操作工作组负责人收到运检公司值班室汇报的线路覆冰已完全融化脱落的信息后，通知装置变电运行人员闭锁融冰装置。

4. 恢复正常接线

500kV 福泉变融冰操作工作组负责人汇报贵州中调融冰工作结束，可恢复正常接线。

（1）500kV 福泉变变电运行人员将融冰装置转为热备用状态。

（2）500kV 福泉变变电运行人员汇报贵州中调融冰工作结束。

（3）根据现场运行规程规定，500kV 福泉变变电运行人员拉开 5053RB 融冰断路器闸，解除融冰母线与融冰线路首端之间的连接。

（4）根据贵州中调指令，500kV 醒狮变、500kV 福泉变将 500kV 醒福线转检修状态。

（5）500kV 醒狮变变电运行人员向贵州中调申请拆除 500kV 醒福线阻波器靠线路侧三相短接线，经贵州中调许可，500kV 醒狮变变电运行人员通知 500kV 醒狮变末端短接工作组负责人开始末端三相短接线拆除工作。

（6）500kV 醒狮变末端短接工作组负责人组织贵阳供电局输电管理所配合变电管理所，在 500kV 醒狮变 500kV 醒福线阻波器靠线路侧 1m 处搭设封闭接地线，搭接临时接地线前，500kV 醒狮变变电运行人员须同末端短接工作组作业人员到达工作现场进行安全交底，并验明工作地段无电。

（7）封闭接地搭设完成后，末端短接工作组将 500kV 醒狮变 500kV 醒福线阻波器靠线路侧三相短接线拆除。

（8）短接线拆除工作完成、封闭接地线拆除后，末端短接工作组负责人汇报 500kV 醒狮变变电运行人员，由 500kV 醒狮变变电运行人员向贵州中调汇报工作完成。

5. 融冰线路复电

贵州中调值班调度员核实所有工作已全部完工，临时安全措施已全部拆除，人员已全部撤离，确认线路具备复电条件后，下令操作线路正常复电。如线路暂不具备复电条件，则保持停运状态。

附件：

附件 2.3.1.1　相关人员及联系方式

附件 2.3.1.2　500kV 醒福线融冰组织结构图

附件 2.3.1.3　风险点分析、预防控制及应急措施

附件 2.3.1.4　融冰电流参考值（1h 融冰）

附件 2.3.1.5　500kV 福泉变电气一次接线图

附件 2.3.1.6　500kV 福泉变融冰装置一次接线图

附件 2.3.1.7　500kV 醒福线融冰回路接线图

附件 2.3.1.8　500kV 醒福线末端短接点示意图

附件 2.3.1.9　500kV 醒福线人工观冰点示意图

附件 2.3.1.10　500kV 醒福线直流融冰操作票

附件 2.3.1.11　融冰线路观冰作业指导书

附件 2.3.1.12　融冰线路末端短接线安装及拆除作业指导书

附件 2.3.1.13　融冰现场处置方案"三措"主要内容

附件 2.3.1.1　相关人员及联系方式

表 2 - 2　　　　　　　　　　　相关人员及联系方式

序号	联系人姓名	所属单位及职务（角色）	联系方式	
			固话	手机
1				

附件 2.3.1.2　500kV 醒福线融冰组织结构图

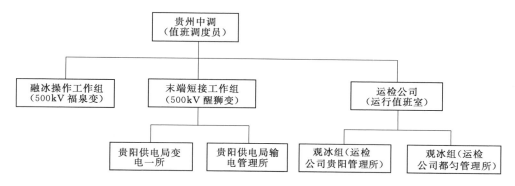

图 2 - 7　500kV 醒福线融冰组织结构图

附件 2.3.1.3　风险点分析、预防控制及应急措施

表 2 - 3　　　　　　　　　　风险点分析、预防控制及应急措施

序号	风险点分析	预防控制措施	应急措施
1	误入带电间隔	工作前检查安全措施，工作中严格执行工作监护制度	停电、急救
2	误解锁	严格执行五防解锁制度	
3	冰冻湿滑的路面	工作人员穿防滑鞋	急救
4	在进行融冰工作的过程中可能发生交通事故	出行的车辆安装防滑链，严格控制车速	急救
5	因天气太冷，可能造成工作人员冻伤	穿防寒服、戴防寒安全帽，确保个人防护用品完善并正确使用	急救
6	夜间因照明度不够，可能造成工作人员发生意外	配备足够的照明设备	急救
7	触电	（1）严格按照安规要求进行验电，验电前检查验电器外观、电压等级、试验合格证、绝缘手套满足要求，验电时正确操作验电器。保持与带电体不小于 5m 安全距离。 （2）工作地段搭设封闭接地线，挂接地时，先接地端后接导线端，拆地线时则相反。对可能存在感应电压的情况应安装个人保安地线	急救

续表

序号	风险点分析	预防控制措施	应急措施
8	高空坠落	（1）正确使用安全带。 （2）正确使用登高车，并由有操作资格的人员进行操作	急救
9	高空坠物	（1）不得上下抛掷工具、物件等，使用绳索传递。 （2）地面工作人员不能站在高空作业点的下方。 （3）观冰人员正确佩戴安全帽。 （4）进入指定观冰点或选择有效避开脱冰的安全观冰位置	急救
10	不牢固的连接	连接点可靠连接，对连接点进行温度监控	急救
11	无票工作	工作中严格执行两票管理制度	
12	融冰间隔的电流互感器可能因融冰电流超过其额定值而损坏	不能超过电流互感器1.2倍额定电流1h	准备应急物资、抢修
13	融冰过程中，融冰线路可能发生故障	按照要求修改保护定值，并确保保护可靠投入；监视融冰过程中的三相电流、电压变化情况，发现异常情况时立即切断融冰电源	准备应急物资、抢修
14	信息传递混乱	融冰过程中发布指令、命令时应采用录音电话，发布命令与联系沟通应严格区分，避免混淆	
15	融冰过程与工作方案不符	（1）停止融冰，并立即向上一级指令、命令发布人报告和沟通落实，待澄清相关疑虑后方可执行。 （2）严禁现场指挥擅自变更融冰方案。因现场实际条件变化或异常，需要调整融冰工作方案相关内容时，由异常情况责任单位牵头组织补充编制调整内容，并经方案原审批人审批后，确保传达到调度部门及现场各工作小组后方可执行	

附件 2.3.1.4　融冰电流参考值（1h 融冰）

表 2 - 4　　　　　　　　　　融冰电流参考值（水融冰）　　　　　　　　　　单位：A

线路名称	融 冰 电 流						临界电流			最大允许电流	
	−8℃ 8m/s 10mm 覆冰	−5℃ 5m/s 10mm 覆冰	−3℃ 3m/s 10mm 覆冰	−8℃ 8m/s 15mm 覆冰	−5℃ 5m/s 15mm 覆冰	−3℃ 3m/s 15mm 覆冰	−8℃ 8m/s	−5℃ 5m/s	−3℃ 3m/s	−5℃ 5m/s	−3℃ 3m/s
500kV 醒福线 （4×LGJ−400/50）	4140.40	3475.20	3023.20	4438.00	3881.60	3503.20	3132.00	2620.40	2214.40	6882.00	5683.20

附件 2.3.1.5　500kV 福泉变电气一次接线图

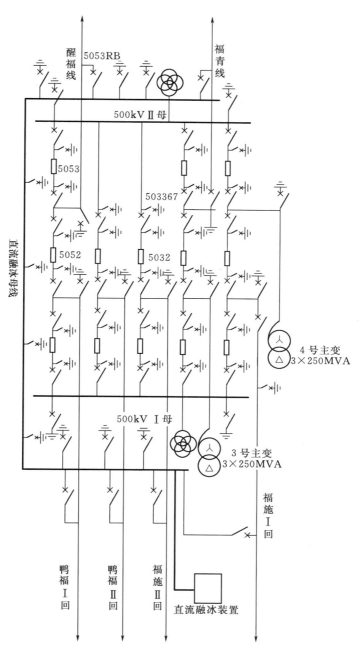

图 2-8　500kV 福泉变电气一次接线图

附件 2.3.1.6 500kV 福泉变融冰装置一次接线图

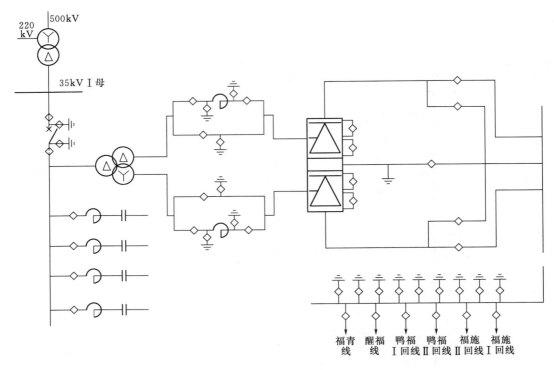

图 2-9 500kV 福泉变融冰装置一次接线图

附件 2.3.1.7 500kV 醒福线融冰回路接线图

500kV 福泉变直流融冰装置	500kV 福泉变 5053RB 融冰断路器	500kV 醒福线 4×LGJ-400/50	500kV 贵阳变 500kV 醒福线阻波器靠线路侧三相短接

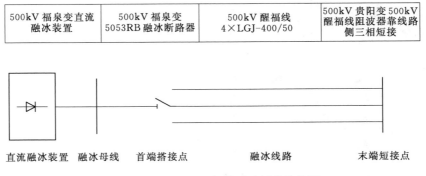

直流融冰装置   融冰母线   首端搭接点   融冰线路   末端短接点

图 2-10 500kV 醒福线融冰回路接线图

附件 2.3.1.8　500kV 醒福线末端短接点示意图

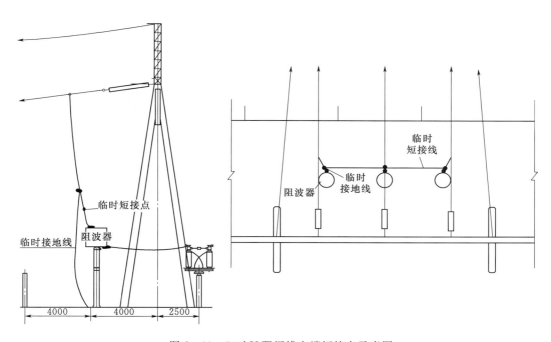

图 2-11　500kV 醒福线末端短接点示意图

附件 2.3.1.9　500kV 醒福线人工观冰点示意图

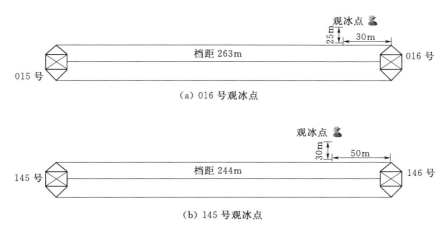

（a）016 号观冰点

（b）145 号观冰点

图 2-12　500kV 醒福线人工观冰点示意图

附件 2.3.1.10 500kV 醒福线直流融冰操作票

表 2-5　　　　　　　　　　　　　500kV 醒福线直流融冰操作票

编号

填票日期	年 月 日	操作开始时间	年 月 日 时 分	操作结束时间	年 月 日 时 分				
操作任务			500kV 醒福线直流融冰						
序号	受令单位	操 作 项 目		发令人	发令时间	受令人	完成时间	汇报人	
1	总调	核实已将 500kV 醒福线福泉变侧所属开关间隔一、二次设备调度权委托贵州中调							
2	福泉变	核实总调已将 500kV 醒福线所属开关间隔一次、二次设备调度权委托贵州中调							
3	醒狮变	断开 500kV 第三串联络 5032 开关							
4	醒狮变	断开 500kV 第三串醒福线 5033 开关							
5	福泉变	断开 500kV 第五串联络 5052 开关							
6	福泉变	断开 500kV 第五串醒福线 5053 开关							
7	福泉变	综合令将 500kV 第五串联络 5052 开关由热备用状态转冷备用状态							
8	福泉变	综合令将 500kV 第五串醒福线 5053 开关由热备用状态转冷备用状态							
9	醒狮变	综合令将 500kV 第三串联络 5032 开关由热备用状态转冷备用状态							
10	醒狮变	综合令将 500kV 第三串醒福线 5033 开关由热备用状态转冷备用状态							
11	醒狮变	合上 500kV 第三串醒福线 503367 线路接地开关							
12	福泉变	合上 500kV 第五串醒福线 505367 线路接地开关							
13	福泉变	500kV 醒福线已由运行状态转检修状态,具备线路三相短接条件							
14	醒狮变	500kV 醒福线已由运行状态转检修状态,具备直流融冰装置搭接条件							
15	运检公司	500kV 醒福线已由运行状态转检修状态							
16	总调	500kV 醒福线已由运行状态转检修状态							
17	醒狮变	核实 500kV 醒福线线路直流融冰装置搭接完毕							
18	福泉变	核实 500kV 醒福线线路三相短接完毕							
19	福泉变	拉开 500kV 第五串醒福线 505367 线路接地开关							
20	醒狮变	拉开 500kV 第三串醒福线 503367 线路接地开关							
21	醒狮变	500kV 醒福线已由检修状态转冷备用状态,具备带电融冰条件							
22	福泉变	500kV 醒福线已由检修状态转冷备用状态,具备带电融冰条件							
23	运检公司	核实 500kV 醒福线线路直流融冰工作结束							
24	醒狮变	核实 500kV 醒福线线路直流融冰工作结束							
25	福泉变	核实 500kV 醒福线线路直流融冰工作结束							

续表

序号	受令单位	操 作 项 目	发令人	发令时间	受令人	完成时间	汇报人
26	醒狮变	核实直流融冰装置与500kV醒福线已可靠隔离					
27	醒狮变	合上500kV第三串醒福线503367线路接地开关					
28	福泉变	合上500kV第五串醒福线505367线路接地开关					
29	福泉变	500kV醒福线线路直流融冰工作结束，线路已由冷备用状态转检修状态，具备拆除三相短接线条件					
30	福泉变	核实500kV醒福线线路三相短接线已拆除					
31	运检公司	核实500kV醒福线线路无工作，可以复电					
32	福泉变	核实500kV第五串醒福线5053开关间隔无工作，可以复电					
33	福泉变	核实500kV第五串联络5052开关间隔无工作，可以复电					
34	醒狮变	核实500kV第三串醒福线5033开关间隔无工作，可以复电					
35	醒狮变	核实500kV第三串联络5032开关间隔无工作，可以复电					
36	醒狮变	拉开500kV第三串醒福线503367线路接地开关					
37	醒狮变	核实500kV醒福线线路保护已按整定书要求投入					
38	醒狮变	核实500kV第三串醒福线5033开关保护已按整定书要求投入					
39	醒狮变	核实500kV第三串联络5032开关保护已按整定书要求投入					
40	福泉变	拉开500kV第五串醒福线505367线路接地开关					
41	福泉变	核实500kV醒福线线路保护已按整定书要求投入					
42	福泉变	核实500kV第五串醒福线5053开关保护已按整定书要求投入					
43	福泉变	核实500kV第五串联络5052开关保护已按整定书要求投入					
44	福泉变	综合令将500kV第五串醒福线5053开关由冷备用状态转热备用状态					
45	福泉变	综合令将500kV第五串联络5052开关由冷备用状态转热备用状态					
46	醒狮变	综合令将500kV第三串醒福线5033开关由冷备用状态转热备用状态					
47	醒狮变	综合令将500kV第三串联络5032开关由冷备用状态转热备用状态					
48	醒狮变	退出500kV第三串醒福线5033开关重合闸					
49	醒狮变	合上500kV第三串醒福线5033开关					
50	醒狮变	投入500kV第三串醒福线5033开关单重先合					
51	醒狮变	用500kV第三串联络5032开关同期合环					
52	醒狮变	核实500kV第三串联络5032开关单重后合再投					

序号	受令单位	操 作 项 目	发令人	发令时间	受令人	完成时间	汇报人
53	福泉变	用500kV第五串醒福线5053开关同期合环					
54	福泉变	用500kV第五串联络5052开关同期合环					
55	福泉变	核实500kV第五串醒福线5053开关单重先合再投					
56	福泉变	核实500kV第五串联络5052开关单重后合再投					
57	运检公司	500kV醒福线已由检修状态转运行状态					
58	总调	500kV醒福线已由检修状态转运行状态					
59	总调	核实已将500kV醒福线福泉变侧所属开关间隔一、二次设备调度权交还总调					
60	福泉变	核实已将500kV醒福线线所属开关间隔一、二次设备调度权交还总调					
备注							
填票人				审核人（监护人）		值班负责人	

附件 2.3.1.11 融冰线路观冰作业指导书

表2-6 融冰线路观冰作业指导书

作业班组	运检公司 贵阳管理所 都匀管理所	作业开始时间		作业结束时间	
作业任务		500kV醒福线016号、145号人工观冰			
工作负责人		工作 人数		工作人员	

1. 作业前准备

（1）工器具及材料		巡检车辆、个人工器具、红外测温仪、照明工具、望远镜、记录资料、防寒衣物		确认（　　）
（2）办理相关手续				确认（　　）
	风险	控 制 措 施		确认
（3）基准风险	交通事故	出行前对车辆状况检查，确保状况良好		确认（　　）
		出行的车辆安装防滑链，严格控制车速		
		驾驶员人严重酒后、疲劳驾驶		
	冻伤	观冰人员配置保暖设施		确认（　　）
		携带防冻伤的药物		
		应用《运检公司突发事件应急预案》中的人身事故现场处置方案		
	砸伤	观冰时不得站在导线正下方		确认（　　）
		遇大风时，应站在上风侧，避免被脱冰顺风砸伤		
		遇脱冰导线舞动时，应实时关注导线舞动方向，防止脱冰导致断线伤人		

	补充风险	新增控制措施	确认
（4）新增风险			确认（　）
			确认（　）
			确认（　）
（5）安全交底	已向现场观冰人员交代工作任务及安全注意事项		确认（　）

2. 作业过程

作业步骤	关键控制点	确认
到达融冰线路观冰点	现场观冰人员抵达 500kV 醒福线 016 号、145 号观冰点	确认（　）
	进入规定观冰点位置（见附件 2.3.1.8），并准备好红外测温仪器	确认（　）
第一组两相导线融冰的观冰	观冰负责人接到运检公司值班室 500kV 醒福线融冰开始的通知（第一组两相导线导线）	确认（　）
	现场观冰人员认真观察导线覆冰变化情况，融冰相导线覆冰开始脱落后，观冰负责人汇报运检公司值班室融冰相导线覆冰已开始脱落	确认（　）
	（1）融冰过程中，对融冰相导线压接管进行红外测温，温度满足规程要求。 （2）融冰过程中，对融冰相导线压接管进行红外测温，温度超过规程要求时，及时汇报运检公司值班室	确认（　）
	（1）脱冰过程中，融冰相导线对地（构筑物等）距离满足要求。 （2）脱冰过程中，融冰相导线舞动较大对地（构筑物等）距离不满足要求时，及时汇报运检公司值班室	确认（　）
	第一组两相导线覆冰全部脱落，观冰负责人汇报运检公司值班室融冰相导线覆冰已脱落，可停止第一组两相导线融冰工作	确认（　）
第二组两相导线融冰的观冰	观冰负责人接到运检公司值班室线路第二组两相导线融冰开始通知	确认（　）
	现场观冰人员认真观察导线覆冰变化情况，融冰相导线覆冰开始脱落后，观冰负责人汇报运检公司值班室融冰相导线覆冰已开始脱落	确认（　）
	（1）融冰过程中，对融冰相导线压接管进行红外测温，温度满足规程要求。 （2）融冰过程中，对融冰相导线压接管进行红外测温，温度超过规程要求时，及时汇报运检公司值班室	确认（　）
	（1）脱冰过程中，融冰相导线对地（构筑物等）距离满足要求。 （2）脱冰过程中，融冰相导线舞动较大对地（构筑物等）距离不满足要求时，及时汇报运检公司值班室	确认（　）
	第二组两相导线覆冰全部脱落，观冰负责人汇报运检公司值班室融冰相导线覆冰已脱落，可停止融冰工作	确认（　）
	（1）现场观冰人员对融冰相导线压接管进行红外测温复测，温度满足规程要求。 （2）现场观冰人员对融冰相导线压接管进行红外测温复测，温度不满足规程要求时，及时汇报运检公司值班室	确认（　）
	（1）脱冰结束后，导线相间距离或对地（构筑物等）距离满足规程要求。 （2）脱冰结束后，导线相间距离或对地（构筑物等）距离不满足规程要求时，及时汇报运检公司值班室	确认（　）
观冰结束	现场观冰人员收好测量仪器，撤离观冰点	确认（　）

3. 作业终结

（1）	结论	完成（　）	未完成（　）
（2）	备注		

附件 2.3.1.12　融冰线路末端短接线安装及拆除作业指导书

表 2-7　　　　　　　　融冰线路末端短接线安装及拆除作业指导书

作业班组	贵阳局 变电管理一所、 输电管理所	作业开始时间		作业结束时间	
作业任务		500kV 醒狮变、500kV 醒福线阻波器靠线路侧融冰短接线安装及拆除			
工作负责人		工作 人数		工作人员	

1. 作业前准备

(1) 工器具及材料		巡检车辆、短接线、吊绳、滑车、个人工器具、照明工具、登高车、屏蔽服	确认 (　)
(2) 办理相关手续		工作负责人办理变电第一种工作票，工作票编号：_____	确认 (　)
	风险	控　制　措　施	确认
	交通事故	出行前对车辆状况检查，确保状况良好	确认 (　)
		出行的车辆安装防滑链，严格控制车速	
		驾驶员人严重酒后、疲劳驾驶	
	高处坠落	在登高车上正确使用安全带	确认 (　)
		正确使用登高车，并由有操作资格的人员进行操作	
(3) 基准风险	触电	检查工具及吊绳、屏蔽服安全性能	确认 (　)
		停电工作需按要求办理好相关停电手续，作业前工作负责人需对工作班成员进行安全技术交底	
		登高车升降时有专人监护，与周围带电体最小安全距离大于 5m	
		工作前检查安全措施，工作中严格执行工作监护制度	
		核实间隔名称与编号	
		搭设封闭接地线前，需先验明线路不带电。验电前检查验电器外观、电压等级、试验合格证、绝缘手套满足要求，验电时正确操作验电器	
		末端短接作业地段搭设封闭接地线，挂接地时先接接地端后接导线端，拆地线时则相反	
	物体打击	进入作业现场必须佩戴安全帽，高处作业下方禁止人员停留	确认 (　)
		高处作业人员携带工具包。对无法放入工具包的物品必须妥善放置或捆绑，上下传递物品时需使用绳索传递	
		受力工器具使用前进行合格证和外观的检查，使用中避免过度受力	

（4）新增风险	补充风险	新增控制措施	确认
			确认（　　）
			确认（　　）
（5）安全交底	工作人员确认清楚工作任务及安全注意事项，已对工作班成员进行工作票安全交底及签字认可		确认（　　）

2. 作业过程

作业步骤	关键控制点	确认
融冰短接线搭设步骤		
工作许可	工作负责人得到变电站值班负责人许可工作后，组织开始短接工作	确认（　　）
验电	变电运行人员须同末端短接工作组作业人员到达工作现场进行安全交底，并验明工作地段无电	确认（　　）
作业人员就位	驾驶登高车到指定工作地点，作业人员穿好屏蔽服进入登高车升降斗中，并系好安全带	确认（　　）
	操作登高车将作业人员送入作业位置	确认（　　）
	操作登高车升降时有专人监护，与周围带电体最小距离大于5m	确认（　　）
搭设接地线	作业人员分别在三相导线阻波器靠线路侧1m处安装临时接地线。挂接地时先接接地端后接导线端	确认（　　）
左相短接	在阻波器靠线路侧0.5m处为第一个短接点，将第一组融冰短接线一端与导线连接，检查连接牢靠	确认（　　）
中相短接	在阻波器靠线路侧0.5m处为第二个短接点，将第一组融冰短接线另一端与导线连接，检查连接牢靠	确认（　　）
	在阻波器靠线路侧0.8m处为第三个短接点，将第二组融冰短接线一端与导线连接，检查连接牢靠	确认（　　）
右相短接	在阻波器靠线路侧0.8m处为第四个短接点，将第二组融冰短接线另一端与导线连接，检查连接牢靠	确认（　　）
拆接接地线	三相导线短接线短接工作结束后，分别将临时接地线进行拆除。拆除接地时先拆导线端后拆接地端	确认（　　）
撤离作业位置	检查导线上无遗留物，操作登高车使作业人员撤离	确认（　　）
	操作登高车升降时有专人监护，与周围带电体最小距离大于5m	确认（　　）
短接工作结束	核对工器具、材料是否遗留，人员已全部撤离。工作负责人向变电站值班负责人汇报短接工作结束，办理工作间断手续	确认（　　）
融冰短接线拆除步骤		
工作许可	工作负责人得到变电站值班负责人许可工作后，组织开始拆除短接线工作	确认（　　）
验电	变电运行人员须同末端短接工作组作业人员到达工作现场进行安全交底，并验明工作地段无电	确认（　　）

作业人员就位	作业人员穿好屏蔽服进入登高车升降斗中，并系好安全带	确认（　）
	操作登高车将作业人员送入作业位置	确认（　）
	操作登高车升降时有专人监护，与周围带电体最小距离大于5m	确认（　）
搭设接地线	作业人员分别在三相导线阻波器靠线路侧1m处安装临时接地线。挂接地时先接接地端后接导线端	确认（　）
短接线拆除	拆除阻波器靠线路侧左相短接线	确认（　）
	拆除阻波器靠线路侧中相短接线	确认（　）
	拆除阻波器靠线路侧右相短接线	确认（　）
拆除接地线	三相导线短接线短接工作结束后，分别拆除临时接地线。拆除接地时先拆导线端后拆接地端	确认（　）
撤离作业位置	检查导线上无遗留物，操作登高车使作业人员撤离	确认（　）
	操作登高车升降时有专人监护，与周围带电体最小距离大于5m	确认（　）
工作结束	核对工器具、材料是否遗留，人员已全部撤离。末端短接工作组负责人向变电站值班负责人汇报工作结束，办理工作终结手续	确认（　）

3. 作业终结

（1）	结论	完成（　）	未完成（　）
（2）	备注		

附件 2.3.1.13　融冰现场处置方案"三措"主要内容

表 2-8　　　　　　　　　　融冰现场处置方案"三措"主要内容

序号	三措	主　要　内　容	备注
1	组织措施	（1）在都匀供电局设置融冰操作工作组，小组成员包括贵州中调、贵阳供电局、运检公司、福泉变。 （2）在贵阳供电局设置末端短接工作组，小组成员包括贵阳供电局设备部、变电管理一所、输电管理所。 （3）在运检公司设置观冰组，小组成员包括运检公司值班室及运检公司贵阳、都匀管理所	详见附件2.3.1.1、2.3.1.2
2	技术措施	融冰方式：固定式直流融冰。 融冰线路：500kV醒福线。 融冰接线点： （1）首端搭接点：500kV福泉变，合上5053RB融冰断路器。 （2）末端短接点：500kV醒狮变500kV醒福线阻波器靠线路侧0.5～0.8m处。 融冰启动：达到融冰条件后，运检公司向贵州电网防冰办公室提出融冰申请。 实施融冰： （1）融冰线路首末端搭接（操作融冰隔离开关）和人工短接。 （2）500kV福泉变设置融冰电流，启动实施融冰，融冰模式一次1-1，一次1-2。 （3）拆除首末端搭接和短接，融冰工作结束	

序号	三措	主　要　内　容	备注
3	安全措施	（1）工作前检查安全措施，工作中严格执行工作监护制度，严防误入带电间隔。 （2）严格执行五防解锁制度，严防误解锁。 （3）现场作业人员穿防寒服、戴防寒安全帽，穿防滑鞋，确保个人防护用品完善并正确使用。 （4）出行的车辆安装防滑链，严格控制车速。 （5）夜间工作配备足够的照明设备。 （6）现场作业人员触及、装拆、调整融冰线路及临时连接线等作业前或人体小于线路安全距离前，应将线路视为可能带电体，严格按照安规要求进行验电；对可能存在感应电压的情况应安装个人保安地线后，方可作业。作业结束后，应拆除个人保安地线和临时接地线。 （7）末端短接作业地段搭设封闭接地线；搭设封闭接地线前，需先验明线路不带电。验电前检查验电器外观、电压等级、试验合格证、绝缘手套满足要求，验电时正确操作验电器。 （8）正确使用登高车，并由有操作资格的人员进行操作；若有攀爬上下杆塔时，接线人员要系好安全带，应采用双挂钩交替紧挂或其他具备全过程保护的防坠措施；在杆塔上作业时，应使用安全带双保险防坠措施，任何时候不得失去防高空坠落的保护。 （9）作业中不得上下抛掷工具、物件等，使用绳索传递。 （10）地面工作人员不能站在高空作业点的下方。 （11）观冰人员正确佩戴安全帽，进入指定观冰点或选择有效避开脱冰的安全观冰位置。 （12）确保各连接点可靠连接，对连接点进行温度监控。 （13）工作中严格执行两票管理制度。 （14）不能超过电流互感器 1.2 倍额定电流 1h。 （15）按照要求修改保护定值，并确保保护可靠投入；监视融冰过程中的三相电流、电压变化情况，发现异常情况时立即切断融冰电源。 （16）融冰过程中发布指令、命令时应采用录音电话，发布命令与联系沟通应严格区分，避免混淆。线路融冰工作期间，值班调度员、现场指挥、变电站运行人员、线路工作负责人、线路派工单小组负责人、工作班成员之间的指令（命令）发布与接受，信息沟通与工作联系等，应明确区分（如分别口头表述为"现在下达指令、命令""现在进行情况了解"等形式），防止出现误解；严禁以工作沟通联系或交换代替指令、命令发布。 （17）受令人员对接受的指令、命令存在疑问或发现指令、命令与实际工作方案不符，可能危及安全时，应停止执行，并立即向指令、命令发布人报告和沟通落实，待澄清相关疑虑后方可执行。 （18）因现场实际条件变化或异常，应立即终止融冰工作，需要调整融冰工作方案相关内容时，异常情况责任单位应牵头组织补充编制调整内容，并经方案原审批人审批，同时确保传达到调度部门及现场各工作小组后方可执行。严禁现场指挥擅自变更	

2.3.2　应用于有旁路母线的变电站

本小节以某 220kV 线路融冰现场处置方案，来介绍固定式直流融冰装置在有旁路母线的变电站的应用。

2.3.2.1　概述

（1）线路概况及参数见表 2 - 9。

表 2 - 9　　　　　　　　　　　　　　　　线　路　概　况　及　参　数

线路名称	起止杆段	杆段长度/km	导线型号	设计冰厚/mm	地线绝缘方式
220kV 大福线	大花水电站 007	28.778	1×LGJ - 300/40	10	非全绝缘
	007～G046			20	
	G049～G064			20	
	G065～067			20	
	067～G079			10	
	G079～G080＋2			20	
	G080＋2～福泉变			10	
	G046～G049	1.191	1×JLHA/G1A - 315 - 26/7	30	
	G064～G065			30	

（2）融冰方式：固定式直接融冰。

（3）观冰点：220kV 大福线观冰点：050 号、073 号。

（4）接线点：首端接线点为 500kV 福泉变，大福线 2097 隔离开关＋融冰 2007 甲隔离开关；末端短接点为大花水电站出线 005 号塔前侧导线线夹向外 0.5～0.8m 处。

（5）相关人员及联系方式（附件 2.3.2.1）。

（6）适用范围：适用于调度、输电、变电等部门现场开展 220kV 大福线融冰工作。

2.3.2.2　融冰启动条件

（1）在线路覆冰达到以下条件之一时，运检公司向贵州电网防冰办公室提出融冰申请：

1）线路覆冰比值达 0.5。

2）24h 内覆冰厚度增速达到 7mm，覆冰比值超过 0.4，且预计短期天气持续符合覆冰条件，覆冰将可能进一步快速增长。

3）其他认为有必要融冰的情况。

（2）经贵州电网防冰办公室会商确定需要进行融冰，由运检公司向贵州中调申请 220kV 大福线融冰。

2.3.2.3　融冰准备工作

（1）风险评估、预控及应急措施（附件 2.3.2.3）。

（2）系统运行部风险评估：因 500kV 福泉变还有其他电源点，操作线路融冰无风险。

（3）线路运维单位负责的准备工作。

1）运检公司安排末端短接工作组在 220kV 大福线 005 号杆塔后侧处做好末端三相短接准备工作。

2）运检公司安排观冰组到达 220kV 大福线 050 号、073 号观冰点（附件 2.3.2.9）

做好融冰效果观测准备（附件 2.3.2.11）。

（4）变电部门负责的准备工作。

1）都匀供电局变电管理所变电运行人员在 500kV 福泉变做好 220kV 大福线 2097 旁路断路器及 2007 甲隔离开关的操作（融冰时可根据当时运行方式进行调整）及融冰母线、变电站设备的红外热成像检测准备工作；检查确认融冰装置处于正常状态，站内融冰回路接线完好。

2）大花水电站变电运行人员在大花水电站做好 220kV 大福线 209 开关间隔设备操作（融冰时可根据当时运行方式进行调整）准备工作。

2.3.2.4　融冰实施步骤

1. 融冰线路停运

（1）根据贵州中调指令，500kV 福泉变、大花水电站将 220kV 大福线线路转冷备用状态；

（2）根据贵州中调指令，500kV 福泉变、大花水电站将 220kV 大福线转检修状态。

2. 融冰方式接线

（1）根据贵州中调许可，运检公司值班室通知 220kV 大福线末端短接工作组负责人开始末端三相短接线安装工作。

（2）220kV 大福线末端短接工作组负责人组织末端短接工作组在 220kV 大福线 004号进行验电，确认线路已无电后，在 220kV 大福线 004 号、008 号杆塔搭设封闭接地线。

（3）封闭接地线搭设完成后，末端短接工作组在 220kV 大福线 005 号杆塔后侧将线路三相短接（附件 2.3.2.8、附件 2.3.2.12）。

（4）末端三相短接工作完成，临时安全措施拆除、工作人员撤离后，220kV 大福线末端短接工作组负责人汇报运检公司值班室；由运检公司值班室汇报贵州中调短接工作已完成。

（5）根据贵州中调指令，500kV 福泉变、大花水电站变电运行人员将 220kV 大福线转冷备用状态（220kV 大福线 005 号杆塔处已经三相短接）。

（6）根据贵州中调指令，500kV 福泉变变电运行人员合上 220kV 大福线 2097 隔离开关。

（7）根据现场运行规程规定，500kV 福泉变变电运行人员合上 220kV 融冰 2007 甲隔离开关，将 500kV 福泉变（线路首端）融冰母线（电源）与融冰线路连接。

3. 进行融冰

（1）贵州中调核实线路融冰方式接线工作已完成，临时安全措施已拆除、工作人员已撤离后，通知 500kV 福泉变变电运行人员及运检公司值班室，线路具备融冰条件。

（2）500kV 福泉变变电运行人员设置融冰电流（附件 2.3.2.4），启动装置实施融冰；500kV 福泉变融冰操作工作组负责人通知运检公司值班室融冰开始。

（3）运检公司现场观冰组负责人向运检公司值班室汇报线路融冰情况，由运检公司值班室向 500kV 福泉变融冰操作工作组负责人通报线路融冰情况。

（4）500kV 福泉变融冰操作工作组负责人收到运检公司值班室汇报的线路覆冰已完

全融化脱落的信息后，通知装置变电运行人员换相及闭锁融冰装置。

4. 恢复正常接线

500kV 福泉变融冰操作工作组负责人汇报贵州中调融冰工作结束，可以恢复正常接线。

（1）500kV 福泉变变电运行人员将融冰装置转为热备用状态。

（2）经贵州中调许可及指令，500kV 福泉变变电运行人员解除融冰母线与融冰线路首端之间的连接；根据现场运行规程，500kV 福泉变变电运行人员拉开 220kV 融冰 2007 甲隔离开关；经贵州中调许可，500kV 福泉变变电运行人员拉开 220kV 大福线 2097 隔离开关。

（3）根据贵州中调指令，500kV 福泉变、大花水电厂变电运行人员将 220kV 大福线转检修状态。

（4）运检公司值班室向贵州中调申请拆除 220kV 大福线 005 号杆塔处三相短接线，经贵州中调许可，运检公司值班室通知 220kV 大福线末端短接工作组负责人开始三相短接线拆除工作。

（5）220kV 大福线末端短接工作组负责人组织末端短接工作组在 220kV 大福线 004 号进行验电，确认线路已无电后，在 220kV 大福线 004 号、008 号杆塔搭设封闭接地线。

（6）封闭接地线搭设完成后，末端短接工作组将 220kV 大福线 005 号杆塔后侧三相短接线拆除。

（7）短接线拆除工作完成，临时封闭接地线拆除后，末端短接工作组负责人汇报运检公司值班室，由运检公司值班室汇报贵州中调短接线拆除工作已完成。

5. 融冰线路复电

贵州中调值班调度员核实所有工作已全部完成，临时安全措施已全部拆除，人员已全部撤离，确认线路具备复电条件后，下令操作线路正常复电。如线路暂不具备复电条件，则保持停运状态。

附件：

附件 2.3.2.1　相关人员及联系方式

附件 2.3.2.2　220kV 大福线融冰组织结构图

附件 2.3.2.3　风险点分析、预防控制及应急措施

附件 2.3.2.4　融冰电流参考值（1h 融冰）

附件 2.3.2.5　500kV 福泉变电气一次接线图

附件 2.3.2.6　500kV 福泉变融冰装置一次接线图

附件 2.3.2.7　220kV 大福线融冰回路接线图

附件 2.3.2.8　220kV 大福线末端短接点示意图

附件 2.3.2.9　220kV 大福线人工观冰点示意图

附件 2.3.2.10　220kV 大福线直流融冰操作票

附件 2.3.2.11 融冰线路观冰作业指导书

附件 2.3.2.12 融冰线路末端短接线安装及拆除作业指导书

附件 2.3.2.13 融冰现场处置方案"三措"主要内容

附件 2.3.2.1 相关人员及联系方式

表 2－10　　　　　　　　　　相关人员及联系方式

序号	联系人姓名	所属单位及职务（角色）	联系方式	
			固话	手机
1		500kV 福泉变站长（500kV 福泉变融冰操作工作组负责人）		

附件 2.3.2.2 220kV 大福线融冰组织结构图

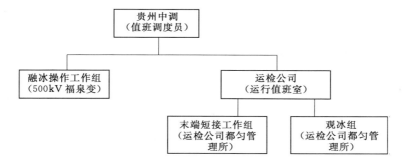

图 2－13　220kV 大福线融冰组织结构图

附件 2.3.2.3 风险点分析、预防控制及应急措施

表 2－11　　　　　　　　　风险点分析、预防控制及应急措施

序号	风险点分析	预防控制措施	应急措施
1	误入带电间隔	工作前检查安全措施，工作中严格执行工作监护制度	停电、急救
2	误登杆塔	登杆前仔细核对线路名称	急救
3	误解锁	严格执行五防解锁制度	专人监护
4	冰冻湿滑的路面	穿防滑鞋	急救
5	在进行融冰工作的过程中可能发生交通事故	出行的车辆安装防滑链，严格控制车速	急救
6	因天气太冷，可能造成工作人员冻伤	穿防寒服、戴防寒安全帽，确保个人防护用品完善并正确使用	急救
7	夜间因照明度不够，可能造成工作人员发生意外	配备足够的照明设备	急救

续表

序号	风险点分析	预防控制措施	应急措施
8	触电	（1）严格按照安规要求进行验电，验电前检查验电器外观、电压等级、试验合格证、绝缘手套满足要求，验电时正确操作验电器。保持与带电体不小于 3m 安全距离。 （2）工作地段搭设封闭接地线，挂接地时，先接接地端后接导线端，拆地线时则相反。对可能存在感应电压的情况应安装个人保安地线	急救
9	高空坠落	（1）使用大挂钩，正确使用安全带。 （2）正确使用高空作业平台，并由有操作资格的人员进行操作	急救、专人监护
10	高空坠物	（1）不得上下抛掷工具、物件等，使用绳索传递。 （2）地面工作人员不能站在高空作业点的下方。 （3）观冰人员正确佩戴安全帽。 （4）进入指定观冰点或选择有效避开脱冰的安全观冰位置	急救
11	不牢固的连接	连接点可靠连接，对连接点进行温度监控	急救
12	无票工作	工作中严格执行两票管理制度	
13	融冰间隔的电流互感器可能因融冰电流超过其额定值而损坏	不能超过电流互感器 1.2 倍额定电流 1h	准备应急物资、抢修
14	融冰过程中，融冰线路可能发生故障	按照要求修改保护定值，并确保保护可靠投入；监视融冰过程中的三相电流、电压变化情况，发现异常情况时立即切断融冰电源	准备应急物资、抢修
15	信息传递混乱	融冰过程中发布指令、命令时应采用录音电话，发布命令与联系沟通应严格区分，避免混淆	
16	融冰过程与工作方案不符	（1）停止融冰，并立即向上一级指令、命令发布人报告和沟通落实，待澄清相关疑虑后方可执行。 （2）严禁现场指挥擅自变更融冰方案。因现场实际条件变化或异常，需要调整融冰工作方案相关内容时，由异常情况责任单位牵头组织补充编制调整内容，并经方案原审批人审批后，确保传达到调度部门及现场各工作小组后方可执行	

附件 2.3.2.4　融冰电流参考值（1h 融冰）

表 2-12 　　　　　　　　　　融冰电流参考值（1h 融冰）　　　　　　　　　　单位：A

线路名称	融冰电流						临界电流			最大允许电流	
	−8℃ 8m/s 10mm 覆冰	−5℃ 5m/s 10mm 覆冰	−3℃ 3m/s 10mm 覆冰	−8℃ 8m/s 15mm 覆冰	−5℃ 5m/s 15mm 覆冰	−3℃ 3m/s 15mm 覆冰	−8℃ 8m/s	−5℃ 5m/s	−3℃ 3m/s	−5℃ 5m/s	−3℃ 3m/s
220kV 大福线 （1×LGJ−300/40、 1×JLHA/G1A− 315−26/7）	853.10	713.80	618.60	912.60	795.70	715.80	646.20	540.60	456.90	1419.60	1172.40

附件 2.3.2.5 500kV 福泉变电气一次接线图

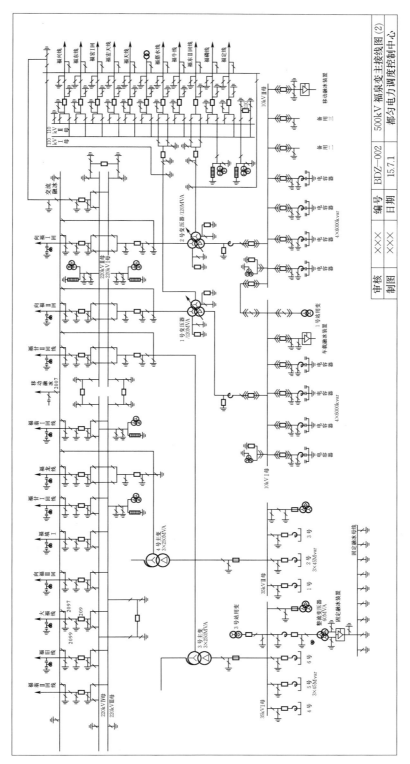

图 2 - 14 500kV 福泉变电气一次接线图

附件 2.3.2.6　500kV 福泉变融冰装置一次接线图

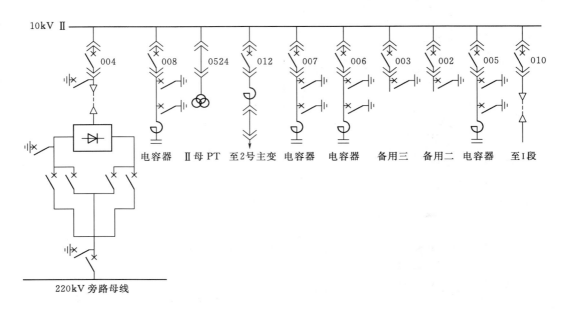

图 2-15　500kV 福泉变融冰装置一次接线图

附件 2.3.2.7　220kV 大福线融冰回路接线图

500kV 福泉变 直流融冰装置	500kV 福泉变 融冰 2007 甲隔离开关	500kV 福泉变 大福线 2097 隔离开关	220kV 大福线 1×LGJ-300/40 1×JLHA/G1A-315-26/7	220kV 大福线 大花水出线 005 号塔处三相短接

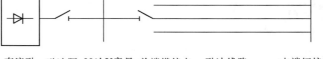

直流融　融冰隔　220kV 旁母　首端搭接点　融冰线路　　末端短接点
冰装置　离开关

图 2-16　220kV 大福线融冰回路接线图

附件 2.3.2.8 220kV 大福线末端短接点示意图

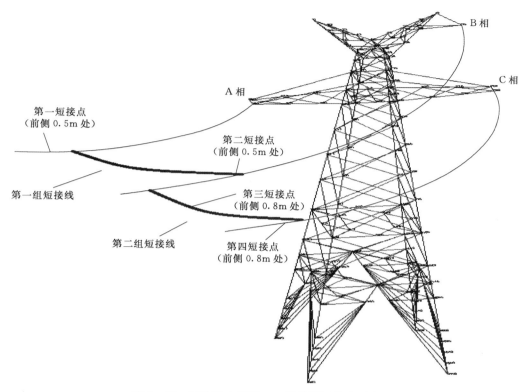

图 2-17 220kV 大福线 005 号前侧短接点示意图

附件 2.3.2.9 220kV 大福线人工观冰点示意图

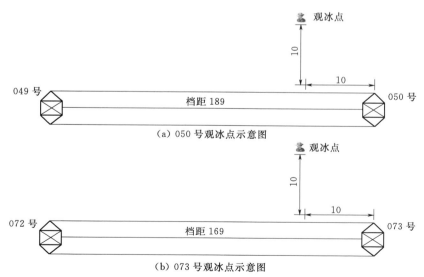

图 2-18 220kV 大福线人工观冰点示意图（单位：m）

附件 2.3.2.10　220kV 大福线直流融冰操作票

表 2－13　　　　　　　　　　　　　220kV 大福线直流融冰操作票

编号

填票日期	年　月　日	操作开始时间	年　月　日　时　分			操作结束时间	年　月　日　时　分		
操作任务			220kV 大福线直流融冰						
序号	受令单位	操作项目	发令人	发令时间	受令人	完成时间	汇报人
1	福泉变	断开 220kV 大福线 209 开关					
2	乌江集控	断开大花水电站 220kV 大福线 209 开关					
3		综合令将大花水电站 220kV 大福线 209 开关由热备用状态转冷备用状态					
4	福泉变	综合令将 220kV 大福线 209 开关由热备用状态转冷备用状态					
5		合上 220kV 大福线 2099 线路接地开关					
6	乌江集控	合上大花水电站 220kV 大福线 2099 线路接地开关					
7	运检公司	220kV 大福线已由运行状态转检修状态					
8	福泉变	220kV 大福线已由运行状态转检修状态，具备直流融冰装置搭接条件					
9	乌江集控	220kV 大福线已由运行状态转检修状态，线路具备三相短接条件					
10	福泉变	核实 220kV 大福线直流融冰装置搭接工作完毕					
11	乌江集控	核实大花水电站 220kV 大福线线路三相短接工作完毕					
12	乌江集控	拉开大花水电站 220kV 大福线 2099 线路接地开关					
13	福泉变	拉开 220kV 大福线 2099 线路接地开关					
14		合上 220kV 大福线 2097 旁路开关					
15		220kV 大福线已由检修状态转冷备用状态，具备带电融冰条件					
16	运检公司	220kV 大福线已由检修状态转冷备用状态，具备带电融冰条件					
17	乌江集控	220kV 大福线已由检修状态转冷备用状态，具备带电融冰条件					
18	运检公司	核实 220kV 大福线直流融冰工作结束					
19	福泉变	核实大福线直流融冰工作结束					
20		核实直流融冰装置已与 220kV 大福线可靠隔离					

序号	受令单位	操 作 项 目	发令人	发令时间	受令人	完成时间	汇报人
21		拉开 220kV 大福线 2097 旁路开关					
22		合上 220kV 大福线 2099 线路接地开关					
23	乌江集控	合上大花水电站 220kV 大福线 2099 线路接地开关					
24	运检公司	220kV 大福线已有冷备用状态转检修状态					
25	乌江集控	220kV 大福线直流融冰工作结束，已由冷备用状态转检修状态，具备拆除三相短接条件					
26		核实 220kV 大福线线路三相短接线已拆除					
27	运检公司	核实 220kV 大福线线路无工作，可以复电					
28	乌江集控	核实大花水电站 220kV 大福线 209 开关间隔无工作，可以复电					
29		拉开大花水电站 220kV 大福线 2099 线路接地开关					
30		核实大花水电站 220kV 大福线 209 开关保护已按整定书要求投入					
31	福泉变	核实 220kV 大福线 209 开关间隔无工作，可以复电					
32		拉开 220kV 大福线 2099 线路接地开关					
33		核实 220kV 大福线 209 开关保护已按整定书已投入					
34		综合令将 220kV 大福线 209 开关由冷备用状态转 220kV Ⅰ 母热备用状态					
35	乌江集控	综合令将 220kV 大福线 209 开关由冷备用状态转 220kV Ⅰ 母热备用状态					
36	福泉变	退出 220kV 大福线 209 重合闸					
37		合上 220kV 大福线 209 开关					
38	福泉变	投入 220kV 大福线 209 开关重合闸					
39	乌江集控	用福泉变 220kV 大福线 209 开关同期合环					
40	乌江集控	核实福泉变 220kV 大福线 209 开关单相重合闸再投					
41	运检公司	220kV 大福线已由检修状态转运行状态					
42	福泉变	断开 220kV 大福线 209 开关					
43	乌江集控	断开大花水电站 220kV 大福线 209 开关					

备注	

填票人		审核人（监护人）		值班负责人	

附件 2.3.2.11　融冰线路观冰作业指导书

表 2-14　　　　　　　　　　　融冰线路观冰作业指导书

作业班组	运检公司 都匀管理所	作业开始时间		作业结束时间	
作业任务	220kV 大福线 050 号、073 号杆塔人工观冰				
工作负责人		工作 人数		工作人员	

1. 作业前准备

（1）工器具及材料	巡检车辆、个人工器具、红外测温仪、照明工具、望远镜、记录资料、防寒衣物			确认（　）
（2）办理相关手续				确认（　）
（3）基准风险	风险	控制措施		确认
	交通事故	出行前对车辆状况检查，确保状况良好		确认（　）
		出行的车辆安装防滑链，严格控制车速		
		驾驶员人严重酒后、疲劳驾驶		
	冻伤	观冰人员配置保暖设施		确认（　）
		携带防冻伤的药物		
		应用《运检公司突发事件应急预案》中的人身事故现场处置方案		
	砸伤	观冰时不得站在导线正下方		确认（　）
		遇大风时，应站在上风侧，避免被脱冰顺风砸伤		
		遇脱冰导线舞动时，应实时关注导线舞动方向，防止脱冰导致断线伤人		
（4）新增风险	补充风险	新增控制措施		确认
				确认（　）
				确认（　）
				确认（　）
（5）安全交底	已向现场观冰人员交代工作任务及安全注意事项			确认（　）

2. 作业过程

作业步骤	关键控制点	确认
到达融冰线路观冰点	现场观冰人员抵达 220kV 大福线 050 号、073 号观冰点	确认（　）
	进入规定观冰点位置（见附件 2.3.2.8），并准备好红外测温仪器	确认（　）

续表

第一组两相导线融冰的观冰	观冰负责人接到运检公司值班室 220kV 大福线融冰开始通知（第一组两相导线）	确认（　）
	现场观冰人员认真观察导线覆冰变化情况，融冰相导线覆冰开始脱落后，观冰负责人汇报运检公司值班室融冰相导线覆冰已开始脱落。	确认（　）
	（1）融冰过程中，对融冰相导线压接管进行红外测温，温度满足规程要求。 （2）融冰过程中，对融冰相导线压接管进行红外测温，温度超过规程要求，及时汇报运检公司值班室	确认（　）
	（1）脱冰过程中，融冰相导线对地（构筑物等）距离满足要求。 （2）脱冰过程中，融冰相导线舞动较大对地（构筑物等）距离不满足要求，及时汇报运检公司值班室	确认（　）
	第一组两相导线覆冰全部脱落，观冰负责人汇报运检公司值班室融冰相导线覆冰已脱落，可停止第一组两相导线融冰工作	确认（　）
第二组两相导线融冰的观冰	观冰负责人接到运检公司值班室线路第二组两相导线融冰开始通知	确认（　）
	现场观冰人员认真观察导线覆冰变化情况，融冰相导线覆冰开始脱落后，观冰负责人汇报运检公司值班室融冰相导线覆冰已开始脱落	确认（　）
	（1）融冰过程中，对融冰相导线压接管进行红外测温，温度满足规程要求。 （2）融冰过程中，对融冰相导线压接管进行红外测温，温度超过规程要求时，及时汇报运检公司值班室	确认（　）
	（1）脱冰过程中，融冰相导线对地（构筑物等）距离满足要求。 （2）脱冰过程中，融冰相导线舞动较大对地（构筑物等）距离不满足要求时，及时汇报运检公司值班室	确认（　）
	第二组两相导线覆冰全部脱落，观冰负责人汇报运检公司值班室融冰相导线覆冰已脱落，可停止融冰工作	确认（　）
	（1）现场观冰人员对融冰相导线压接管进行红外测温复测，温度满足规程要求。 （2）现场观冰人员对融冰相导线压接管进行红外测温复测，温度不满足规程要求时，及时汇报运检公司值班室	确认（　）
	（1）脱冰结束后，导线相间距离或对地（构筑物等）距离满足规程要求。 （2）脱冰结束后，导线相间距离或对地（构筑物等）距离不满足规程要求时，及时汇报运检公司值班室	确认（　）
观冰结束	现场观冰人员收好测量仪器，撤离观冰点	确认（　）

3. 作业终结

（1）	结论	完成（　）	未完成（　）
（2）	备注		

附件 2.3.2.12　融冰线路末端短接线安装及拆除作业指导书

表 2 – 15　　　　　　　　　融冰线路末端短接线安装及拆除作业指导书

作业班组	运检公司都匀管理所	作业开始时间		作业结束时间	
作业任务	220kV 大福线 005 号杆塔后侧塔融冰短接线安装及拆除				
工作负责人		工作人数		工作人员	

1. 作业前准备

（1）工器具及材料	巡检车辆、短接线、吊绳、滑车、防坠落装置、大挂钩、电工工具、个人工器具、接地线、照明工具			确认（　　）
（2）办理相关手续	工作负责人办理线路第一种工作票，工作票编号：＿＿＿＿＿＿＿			确认（　　）
（3）基准风险	**风险**	**控 制 措 施**		**确认**
	交通事故	出行前对车辆状况检查，确保状况良好		确认（　　）
		出行的车辆安装防滑链，严格控制车速		
		驾驶员人严重酒后、疲劳驾驶		
	高处坠落	塔上移动时不得失去安全保护		确认（　　）
		登塔时检查铁塔脚钉是否牢固		
		有防坠落装置的杆塔，上下杆塔时，作业人员不得失去防坠落装置的保护		
		人员在导线上移动及作业时，使用双保险进行安全保护		
	触电	领用绝缘安全工器具前需进行合格证和外观的检查，作业前选择适合电压等级的安全工器具，验电笔在使用前进行自检。使用中避免安全工器具摔坏、受潮		确认（　　）
		检查工具及吊绳安全性能，短接线、接地线与现场导线型号是否匹配		
		停电工作需按要求办理好相关停电手续，作业前工作负责人需对工作班成员进行安全技术交底		
		攀登杆塔前需核对电力线路名称及杆塔号，登杆作业需设专人监护		
		搭设封闭接地线前，先验明线路无电。验电前检查验电器外观、电压等级、试验合格证等满足要求。验电时戴绝缘手套，正确操作验电器，保持与导线不小于 3m 安全距离		
		末端短接作业地段搭设封闭接地线；挂接地时先接接地端后接导线端，拆地线时则相反		
		在重要跨越、感应电较大的地段及分组工作时使用个人保安线		
	物体打击	进入作业现场必须佩戴安全帽，塔上作业人员下方禁止人员停留		确认（　　）
		杆塔上作业人员携带工具包。对无法放入工具包的物品必须妥善放置或捆绑，上下传递物品时需使用绳索传递		
		受力工器具使用前进行合格证和外观的检查，使用中避免过度受力		

（4）新增风险	补充风险	新增控制措施	确认
			确认（　）
			确认（　）
			确认（　）
（5）安全交底	工作人员确认清楚工作任务及安全注意事项，已对工作班成员进行工作票安全交底及签字认可		确认（　）

2. 作业过程

作业步骤	关 键 控 制 点	确认
融冰短接线搭设步骤		
工作许可	工作负责人接到运检公司值班室通知线路已转为检修状态，并得到工作许可后下达命令，组织开始短接工作	确认（　）
工作人员就位	到达到004号验电杆塔；004号、008号搭设封闭接地搭设杆塔；005号杆塔后侧末端三相短接杆塔	确认（　）
	使用大挂钩登塔。有防坠落装置的杆塔，上塔时，作业人员不得失去防坠落装置的保护。工作人员塔上移动时不得失去安全保护	确认（　）
	工作人员登塔时，人员、工器具、材料与导线保持安全距离，220kV线路不小于3m	确认（　）
验电	在004号塔进行验电，确认线路无电。人体与导线保持不小于3m安全距离	确认（　）
搭设接地线	在004号塔跳线处搭设接地线。搭设接地线时，先搭接地端，后搭导线端	确认（　）
	在008号塔跳线处搭设接地线。搭设接地线时，先搭接地端，后搭导线端	确认（　）
左相短接	005号塔左相后侧导线线夹向外0.5m处为第一个短接点，将第一组融冰短接线一端与左相导线连接，检查连接牢靠	确认（　）
中相短接	005号塔中相后侧导线线夹向外0.5m处为第二个短接点，将第一组融冰短接线另一端与中相导线连接，检查连接牢靠	确认（　）
	005号塔中相后侧导线线夹向外0.8m处为第三个短接点，将第二组融冰短接线一端与中相导线连接，检查连接牢靠	确认（　）
右相短接	005号塔右相后侧导线线夹向外0.8m处为第四个短接点，将第二组融冰短接线另一端与右相导线连接，检查连接牢靠	确认（　）
拆接接地线	在004号塔拆除接地线。拆除接地线时，先拆导线端，后拆接地端	确认（　）
	在008号塔拆除接地线。拆除接地线时，先拆导线端，后拆接地端	确认（　）
撤离作业位置	检查导线上无遗留物，人员下塔	确认（　）
	塔上移动作业时不得失去安全保护	确认（　）
短接工作结束	核对工器具、材料是否遗留，接地线已全部拆除、人员已全部撤离。工作负责人向运检公司值班室汇报短接工作结束	确认（　）
融冰短接线拆除步骤		
工作许可	工作负责人接到运检公司值班室线路已转为检修状态，并得到工作许可后下达命令，组织开始拆除短接工作	确认（　）

续表

工作人员就位	使用大挂钩登塔。有防坠落装置的杆塔，上塔时，作业人员不得失去防坠落装置的保护	确认（ ）
	塔上移动时不得失去安全保护	确认（ ）
	登塔时，人员、工器具、材料与导线保持安全距离，220kV 线路 3m	确认（ ）
验电	在 004 号塔进行验电，确认线路无电。人体与导线保持不小于 3m 安全距离	确认（ ）
搭设接地线	在 004 号塔搭接接地线。搭设接地线时，先搭接地端，后搭导线端	确认（ ）
	在 008 号塔搭接接地线。搭设接地线时，先搭接地端，后搭导线端	确认（ ）
短接线拆除	拆除 005 号塔左相短接线	确认（ ）
	拆除 005 号塔中相短接线	确认（ ）
	拆除 005 号塔右相短接线	确认（ ）
拆除接地线	在 004 号塔拆除接地线。拆除接地线时，先拆导线端，后拆接地端	确认（ ）
	在 008 号塔拆除接地线。拆除接地线时，先拆导线端，后拆接地端	确认（ ）
撤离作业位置	检查导线上无遗留物，人员下塔	确认（ ）
	塔上移动作业时不得失去安全保护	确认（ ）
工作结束	核对工器具、材料是否遗留，接地线已全部拆除、人员已全部撤离。工作负责人向运检公司值班室汇报工作结束	确认（ ）

3. 作业终结

| （1） | 结论 | 完成（ ） | 未完成（ ） |
| （2） | 备注 | | |

附件 2.3.2.13　融冰现场处置方案"三措"主要内容

表 2-16　　　　　　　　　融冰现场处置方案"三措"主要内容

序号	三措	主 要 内 容	备注
1	组织措施	（1）在都匀供电局设置融冰操作工作组，小组成员包括贵州中调、运检公司、福泉变。 （2）在运检公司设置末端短接工作组、观冰组，小组成员包括运检公司值班室及运检公司都匀管理所	详见附件 2.3.2.1、附件 2.3.2.2
2	技术措施	融冰方式：固定式直流直接融冰。 融冰线路：220kV 大福线。 融冰接线点： （1）首端接线点：500kV 福泉变融冰 2007 甲隔离开关＋大福线 2097 旁刀。 （2）末端短接点：220kV 大福线 005 号杆塔前侧导线线夹向外 0.5～0.8m 处。 融冰启动：达到融冰条件后，运检公司向贵州电网防冰办公室提出融冰申请。 实施融冰： （1）融冰线路首末端搭接（操作融冰隔离开关）和人工短接。 （2）500kV 福泉变设置融冰电流，启动实施融冰，融冰模式一次 1-1，一次 1-2。 （3）拆除首末端搭接和短接，融冰工作结束	

续表

序号	三措	主 要 内 容	备注
3	安全措施	（1）工作前检查安全措施，工作中严格执行工作监护制度，严防误入带电间隔。 （2）攀登杆塔前仔细核对线路名称。攀爬上下杆塔时，接线人员要系好安全带，应采用双挂钩交替紧挂或其他具备全过程保护的防坠措施；在杆塔上作业时，应使用安全带双保险防坠措施，任何时候不得失去防高空坠落的保护。 （3）严格执行五防解锁制度，严防误解锁所。 （4）现场作业人员穿防寒服、戴防寒安全帽，穿防滑鞋，确保个人防护用品完善并正确使用。 （5）出行的车辆安装防滑链，严格控制车速。 （6）夜间工作配备足够的照明设备。 （7）现场作业人员触及、装拆、调整融冰线路及临时连接线等作业前或人体小于线路安全距离前，应将线路视为可能带电体，严格按照安规要求进行验电；对可能存在感应电压的情况应安装个人保安地线后，方可作业。作业结束后，应拆除个人保安地线和临时接地线。 （8）末端短接作业地段搭设封闭接地线；搭设封闭接地线前，需先验明线路不带电。验电前检查验电器外观、电压等级、试验合格证、绝缘手套满足要求。验电时戴绝缘手套，正确操作验电器。 （9）作业中不得上下抛掷工具、物件等，使用绳索传递。 （10）地面工作人员不能站在高空作业点的下方。 （11）观冰人员正确佩戴安全帽，进入指定观冰点或选择有效避开脱冰的安全观冰位置。 （12）确保各连接点可靠连接，对连接点进行温度监控。 （13）工作中严格执行两票管理制度。 （14）不能超过电流互感器1.2倍额定电流1h。 （15）按照要求修改保护定值，并确保保护可靠投入；监视融冰过程中的三相电流、电压变化情况，发现异常情况时立即切断融冰电源。 （16）融冰过程中发布指令、命令时应采用录音电话，发布命令与联系沟通应严格区分，避免混淆。线路融冰工作期间，值班调度员、现场指挥、变电站运行人员、线路工作负责人、线路派工单小组负责人、工作班成员之间的指令（命令）发布与接受；信息沟通与工作联系等，应明确区分（如分别口头表述为"现在下达指令、命令""现在进行情况了解"等形式），防止出现误解；严禁以工作沟通联系或交换代替指令、命令发布。 （17）受令人员对接受的指令、命令存在疑问或发现指令、命令与实际工作方案不符，可能危及安全时，应停止执行，并立即向指令、命令发布人报告和沟通落实，待澄清相关疑虑后方可执行。 （18）因现场实际条件变化或异常，应立即终止融冰工作，需要调整融冰工作方案相关内容时，异常情况责任单位应牵头组织补充编制调整内容，并经方案原审批人审批，同时确保传达到调度部门及现场各工作小组后方可执行。严禁现场指挥擅自变更	

2.3.3 多条线路串联融冰应用

由于直流融冰装置能够提供巨大的融冰能量，因此可以将多条线路串联起来同时进行融冰操作，既充分利用了融冰装置的能量，也提高了融冰的工作效率。本小节以2条500kV串联融冰为例来说明其应用。

2.3.3.1 概述

（1）线路概况及参数见表2-17。

表 2－17   线 路 概 况 及 参 数

线路名称	起止杆段	杆段长度 /km	导线型号	设计冰厚 /mm	地线绝缘方式
500kV 贵醒线	001—005 008—050 059—070	29.586	4×LGJ－400/50	10	非全绝缘
	005—008 050—059	4.135	4×LGJ－400/50	20	非全绝缘
500kV 醒福线	001—011 022—036 040—044 053—097 098—105 145—163	46.702	4×LGJ－400/50	10	非全绝缘
	011—022 036—040 044—053 105—145	22.467	4×LGJ－400/50	20	非全绝缘

（2）融冰方式：固定式串接直流融冰。

（3）观冰点：

500kV 贵醒线观冰点为 055 号；500kV 醒福线观冰点为 016 号、145 号。

（4）接线点：首端搭接点为 500kV 福泉变，5053RB 融冰断路器；中间变电站为 500kV 醒狮变；末端短接点为 500kV 贵阳变，500kV 贵醒线阻波器靠线路侧 0.5～0.8m 处。

（5）相关人员及联系方式（附件 2.3.3.1）。

（6）适用范围：适用于调度、输电、变电等部门现场开展 500kV 醒福线串 500kV 贵醒线直流融冰工作。

2.3.3.2　融冰启动条件

（1）在线路覆冰达到以下条件之一时，运检公司向贵州电网防冰办公室提出融冰申请：

1）线路覆冰比值达 0.5。

2）24h 内覆冰厚度增速达到 7mm，覆冰比值超过 0.4，且预计短期天气持续符合覆冰条件，覆冰将可能进一步快速增长。

3）其他认为有必要融冰的情况。

（2）经贵州电网防冰办公室会商确定需要进行融冰，由运检公司向贵州中调申请 500kV 醒福线串 500kV 贵醒线融冰。

2.3.3.3　融冰准备工作

（1）风险点分析、预防控制及应急措施（附件 2.3.3.3）。

（2）系统风险评估：低谷时段操作融冰无风险，若在高峰时期操作融冰，青岩变、醒狮变供电区域最大限负荷约 300MW。

（3）线路运维单位负责的准备工作：运检公司安排观冰组到达 500kV 贵醒线 055 号、500kV 醒福线 016 号、145 号观冰点（附件 2.3.3.9）做好融冰效果观测准备（附件 2.3.3.11）。

（4）变电部门负责的准备工作。

1）都匀供电局 500kV 福泉变变电运行人员在 500kV 福泉变做好 500kV 第五串醒福线 5053 开关间隔、500kV 第五串联络 5052 开关间隔设备操作（融冰时可根据当时运行方式进行调整）及融冰母线、变电站设备的红外热成像检测准备工作，检查确认融冰装置处于正常状态，站内融冰回路完好。

2）贵阳供电局 500kV 醒狮变变电运行人员在 500kV 醒狮变做好 500kV 第三串醒福线 5033 开关间隔、500kV 第三串联络 5032 开关间隔、500kV 第二串贵醒线 5023 开关间隔、500kV 第二串联络 5022 开关间隔设备操作（融冰时可根据当时运行方式进行调整）及变电站设备的红外热成像检测准备工作。

3）贵阳供电局 500kV 贵阳变变电运行人员在 500kV 贵阳变做好 500kV 第四串贵醒线 5043 开关间隔、500kV 第四串联络 5042 开关间隔设备操作（融冰时根据当时运行方式进行调整）及变电站设备的红外热成像检测准备工作。

4）贵阳供电局 500kV 贵阳变末端短接工作组在 500kV 贵阳变、500kV 贵醒线阻波器靠线路侧做好末端三相短接准备工作。

2.3.3.4 融冰实施步骤

1. 融冰线路停运

（1）根据贵州中调指令，500kV 贵阳变、500kV 醒狮变将 500kV 贵醒线转为冷备用状态。

（2）根据贵州中调指令，500kV 贵阳变、500kV 醒狮变将 500kV 贵醒线转为检修状态。

（3）根据贵州中调指令，500kV 福泉变、500kV 醒狮变将 500kV 醒福线转为冷备用状态。

2. 融冰方式接线

（1）根据贵州中调许可，500kV 贵阳变变电运行人员通知 500kV 贵阳变末端短接工作组负责人开始末端三相短接线安装工作。

（2）500kV 贵阳变末端短接工作组负责人组织贵阳供电局输电管理所配合变电管理所在 500kV 贵阳变、500kV 贵醒线阻波器靠线路侧 1m 处搭设临时接地线。在搭接临时接地线前，500kV 贵阳变变电运行人员须同末端短接工作组作业人员到达工作现场进行安全交底，并验明工作地段无电。

（3）封闭接地搭设完成后，末端短接工作组在 500kV 贵阳变 500kV 贵醒线阻波器靠线路侧 0.5～0.8m 处将线路三相短接（附件 2.3.3.8、2.3.3.12）。

（4）末端三相短接工作完成，临时安全措施拆除、工作人员撤离后，500kV 贵阳变末端短接工作组负责人汇报 500kV 贵阳变变电运行人员，由 500kV 贵阳变变电运行人员汇报贵州中调短接工作已经完成。

（5）根据贵州中调指令，500kV 醒狮变、500kV 贵阳变将 500kV 贵醒线转为冷备用状态（500kV 贵阳变 500kV 贵醒线阻波器靠线路侧已经三相短接）。

（6）根据贵州中调指令，在 500kV 醒狮变将 500kV 贵醒线与 500kV 醒福线串接（贵州中调直流融冰方案）。

（7）根据现场运行规程规定，合上 5053RB 融冰断路器将 500kV 福泉变（线路首端）融冰母线（电源）与融冰线路连接。

3．进行融冰

（1）贵州中调核实线路融冰方式接线工作已完成，临时安全措施已拆除、工作人员已撤离后，通知 500kV 福泉变、贵阳变、醒狮变变电运行人员及运检公司值班室，线路具备融冰条件。

（2）500kV 福泉变变电运行人员设置融冰电流（附件 2.3.3.4），启动装置实施融冰；500kV 福泉变融冰操作工作组负责人通知运检公司值班室融冰开始。

（3）运检公司现场观冰组负责人向运检公司值班室汇报线路融冰情况，由运检公司值班室向 500kV 福泉变融冰操作工作组负责人通报线路融冰情况。

（5）500kV 福泉变融冰操作工作组负责人收到运检公司值班室汇报的线路覆冰已完全融化脱落的信息后，通知装置变电运行人员闭锁融冰装置。

4．恢复正常接线

500kV 福泉变融冰操作工作组负责人汇报贵州中调融冰工作结束，可恢复正常接线。

（1）500kV 福泉变变电运行人员将融冰装置转为热备用状态。

（2）500kV 福泉变变电运行人员汇报贵州中调融冰工作结束。

（3）根据现场运行规程规定，500kV 福泉变变电运行人员拉开 5053RB 融冰断路器，解除融冰母线与融冰线路首端之间的连接。

（4）根据贵州中调指令，500kV 醒狮变解除 500kV 醒福线、500kV 贵醒线融冰串接方式。

（5）500kV 醒狮变、500kV 福泉变将 500kV 醒福线转冷备用状态。

（6）500kV 贵阳变、500kV 醒狮变将 500kV 贵醒线转冷备用状态。

（7）500kV 贵阳变、500kV 醒狮变将 500kV 贵醒线转检修状态。

（8）500kV 贵阳变变电运行人员向贵州中调申请拆除 500kV 贵醒线阻波器靠线路侧三相短接线，经贵州中调许可，500kV 贵阳变变电运行人员通知 500kV 贵阳变末端短接工作组负责人开始末端三相短接线拆除工作。

（9）500kV 贵阳变末端短接工作组负责人组织贵阳供电局输电管理所配合变电管理所，在 500kV 贵阳变 500kV 贵醒线阻波器靠线路侧 1m 处搭设封闭接地线，搭接临时接地线前，500kV 贵阳变变电运行人员须同末端短接工作组作业人员到达工作现场进行安全交底，并验明工作地段无电。

（10）封闭接地搭设完成后，末端短接工作组拆除 500kV 贵阳变 500kV 贵醒线阻波器靠线路侧的三相短接线。

（11）短接线拆除工作完成，封闭接地线拆除后，末端短接工作组负责人汇报 500kV 贵阳变变电运行人员，由 500kV 贵阳变变电运行人员向贵州中调汇报工作完成。

5. 融冰线路复电

贵州中调值班调度员核实所有工作已全部完工，临时安全措施已全部拆除，人员已全部撤离，确认线路具备复电条件后，下令操作线路正常复电。如线路暂不具备复电条件，则保持停运状态。

附件：

附件 2.3.3.1 相关人员及联系方式

附件 2.3.3.2 500kV 醒福线串 500kV 贵醒线融冰组织结构图

附件 2.3.3.3 风险点分析、预防控制及应急措施

附件 2.3.3.4 融冰电流参考值（1h 融冰）

附件 2.3.3.5 500kV 福泉变电气一次接线图

附件 2.3.3.6 500kV 福泉变融冰装置一次接线图

附件 2.3.3.7 500kV 贵醒线串 500kV 醒福线融冰回路接线图

附件 2.3.3.8 500kV 贵醒线串 500kV 醒福线末端短接点示意图

附件 2.3.3.9 500kV 贵醒线、500kV 醒福线人工观冰点示意图

附件 2.3.3.10 500kV 醒福线、500kV 贵醒线串联直流融冰操作票

附件 2.3.3.11 融冰线路观冰作业指导书

附件 2.3.3.12 融冰线路末端短接线安装及拆除作业指导书

附件 2.3.3.13 融冰现场处置方案"三措"主要内容

附件 2.3.3.1 相关人员及联系方式

表 2-18　　　　　　　　相关人员及联系方式

序号	联系人姓名	所属单位及职务（角色）	联系方式	
			固话	手机
1		都匀供电局福泉变电站站长（500kV 福泉变融冰操作工作组负责人）		

附件 2.3.3.2 500kV 醒福线串 500kV 贵醒线融冰组织结构图

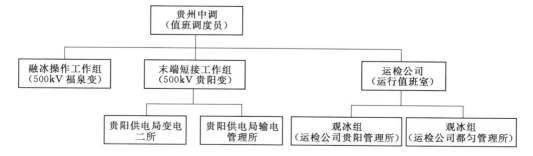

图 2-19 500kV 醒福线串 500kV 贵醒线融冰组织结构图

附件 2.3.3.3　风险点分析、预防控制及应急措施

表 2 - 19　　　　　　　　　　　　风险点分析、预防控制及应急措施

序号	风险点分析	预防控制措施	应急措施
1	误入带电间隔	工作前检查安全措施，工作中严格执行工作监护制度	停电、急救
2	误解锁	严格执行五防解锁制度	
3	冰冻湿滑的路面	工作人员穿防滑鞋	急救
4	在进行融冰工作的过程中可能发生交通事故	出行的车辆安装防滑链，严格控制车速	急救
5	因天气太冷，可能造成工作人员冻伤	穿防寒服、戴防寒安全帽，确保个人防护用品完善并正确使用	急救
6	夜间因照明度不够，可能造成工作人员发生意外	配备足够的照明设备	急救
7	触电	（1）严格按照安规要求进行验电，验电前检查验电器外观、电压等级、试验合格证、绝缘手套满足要求，验电时正确操作验电器。保持与带电体不小于 5m 安全距离。 （2）工作地段搭设封闭接地线，挂接地时，先接接地端后接导线端，拆地线时则相反。对可能存在感应电压的情况应安装个人保安地线	急救
8	高空坠落	（1）正确使用安全带。 （2）正确使用登高车，并由有操作资格的人员进行操作	急救
9	高空坠物	（1）不得上下抛掷工具、物件等，使用绳索传递。 （2）地面工作人员不能站在高空作业点的下方。 （3）观冰人员正确佩戴安全帽。 （4）进入指定观冰点或选择有效避开脱冰的安全观冰位置	急救
10	不牢固的连接	连接点可靠连接，对连接点进行温度监控	急救
11	无票工作	工作中严格执行两票管理制度	
12	融冰间隔的电流互感器可能因融冰电流超过其额定值而损坏	不能超过电流互感器 1.2 倍额定电流 1h	准备应急物资、抢修
13	融冰过程中，融冰线路可能发生故障	按照要求修改保护定值，并确保保护可靠投入；监视融冰过程中的三相电流、电压变化情况，发现异常情况时立即切断融冰电源	准备应急物资、抢修
14	信息传递混乱	融冰过程中发布指令、命令时应采用录音电话，发布命令与联系沟通应严格区分，避免混淆	
15	融冰过程与工作方案不符	（1）停止融冰，并立即向上一级指令、命令发布人报告和沟通落实，待澄清相关疑虑后方可执行。 （2）严禁现场指挥擅自变更融冰方案。因现场实际条件变化或异常，需要调整融冰工作方案相关内容时，由异常情况责任单位牵头组织补充编制调整内容，并经方案原审批人审批后，确保传达到调度部门及现场各工作小组后方可执行	

附件 2.3.3.4 融冰电流参考值（1h 融冰）

表 2-20 融冰电流参考值（1h 融冰）　　　　　　　　　单位：A

线路名称	融冰电流						临界电流			最大允许电流	
	−8℃ 8m/s 10mm 覆冰	−5℃ 5m/s 10mm 覆冰	−3℃ 3m/s 10mm 覆冰	−8℃ 8m/s 15mm 覆冰	−5℃ 5m/s 15mm 覆冰	−3℃ 3m/s 15mm 覆冰	−8℃ 8m/s	−5℃ 5m/s	−3℃ 3m/s	−5℃ 5m/s	−3℃ 3m/s
500kV 醒福线 (4×LGJ−400/50)	4140.40	3475.20	3023.20	4438.00	3881.60	3503.20	3132.00	2620.40	2214.40	6882.00	5683.20
500kV 贵醒线 (4×LGJ−400/50)	4140.40	3475.20	3023.20	4438.00	3881.60	3503.20	3132.00	2620.40	2214.40	6882.00	5683.20

注　多条线路串联融冰时，最好是所有线路导线的截面积都是一样的。如果不一样，则融冰电流应以最小截面积的线路为准，否则有可以烧断截面积较小的导线而发生事故。

附件 2.3.3.5 500kV 福泉变电气一次接线图

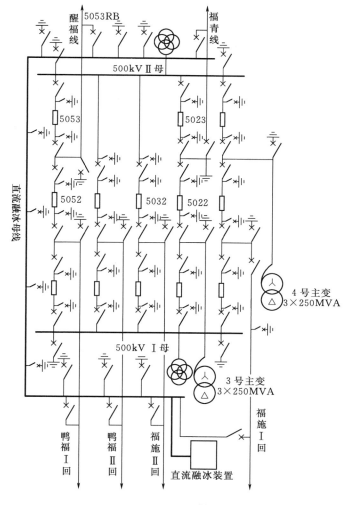

图 2-20　500kV 福泉变电气一次接线图

附件 2.3.3.6　500kV 福泉变融冰装置一次接线图

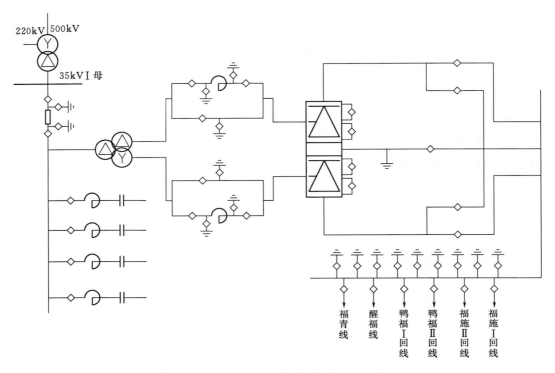

图 2-21　500kV 福泉变融冰装置一次接线图

附件 2.3.3.7　500kV 贵醒线串 500kV 醒福线融冰回路接线图

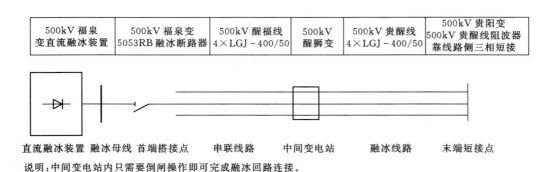

图 2-22　500kV 贵醒线串 500kV 醒福线融冰回路接线图

附件 2.3.3.8　500kV 贵醒线串 500kV 醒福线末端短接点示意图

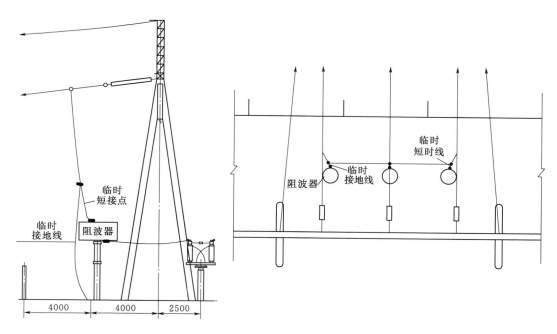

图 2 - 23　500kV 贵醒线串 500kV 醒福线末端短接点示意图

附件 2.3.3.9　500kV 贵醒线、500kV 醒福线人工观冰点示意图

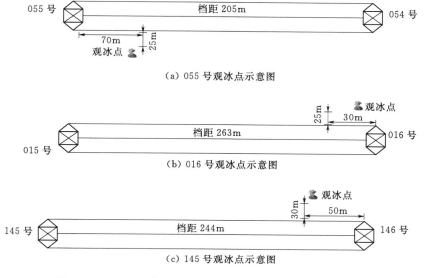

（a）055 号观冰点示意图

（b）016 号观冰点示意图

（c）145 号观冰点示意图

图 2 - 24　500kV 贵醒线、500kV 醒福线人工观冰点示意图

附件 2.3.3.10 500kV 醒福线、500kV 贵醒线串联直流融冰操作票

表 2－21　　　　　　　500kV 醒福线、500kV 贵醒线串联直流融冰操作指令票

编号

填票日期	年　月　日	操作开始时间	年　月　日　时　分	操作结束时间	年　月　日　时　分
操作任务	500kV 醒福线、500kV 贵醒线串联直流融冰				

序号	受令单位	操作项目	发令人	发令时间	受令人	完成时间	汇报人
1	总调	核实已将 500kV 醒福线福泉变侧所属开关间隔一、二次设备调度权委托贵州中调					
2	福泉变	核实总调已将 500kV 醒福线所属开关间隔一次、二次设备调度权委托贵州中调					
3	醒狮变	断开 500kV 第三串联络 5032 开关					
4	醒狮变	断开 500kV 第三串醒福线 5033 开关					
5	福泉变	断开 500kV 第五串联络 5052 开关					
6	福泉变	断开 500kV 第五串醒福线 5053 开关					
7	福泉变	综合令将 500kV 第五串联络 5052 开关由热备用状态转冷备用状态					
8	福泉变	综合令将 500kV 第五串醒福线 5053 开关由热备用状态转冷备用状态					
9	醒狮变	综合令将 500kV 第三串联络 5032 开关由热备用状态转冷备用状态					
10	醒狮变	综合令将 500kV 第三串醒福线 5033 开关由热备用状态转冷备用状态					
11	醒狮变	合上 500kV 第三串醒福线 503367 线路接地开关					
12	福泉变	合上 500kV 第五串醒福线 505367 线路接地开关					
13	运检公司	500kV 醒福线已由运行状态转检修状态					
14	总调	500kV 醒福线已由运行状态转检修状态					
15	福泉变	500kV 醒福线已由运行状态转检修状态，具备线路融冰装置三相搭接条件					
16	醒狮变	断开 500kV 第二串联络 5022 开关					
17	醒狮变	断开 500kV 第二串贵醒线 5023 开关					
18	贵阳变	断开 500kV 第四串联络 5042 开关					
19	贵阳变	断开 500kV 第四串贵醒线 5043 开关					
20	贵阳变	综合令将 500kV 第四串贵醒线 5043 开关由热备用状态转冷备用状态					
21	贵阳变	综合令将 500kV 第四串联络 5042 开关由热备用状态转冷备用状态					
22	醒狮变	综合令将 500kV 第二串联络 5022 开关由热备用状态转冷备用状态					

序号	受令单位	操作项目	发令人	发令时间	受令人	完成时间	汇报人
23	醒狮变	综合令将 500kV 第二串贵醒线 5023 开关由热备用状态转冷备用状态					
24	醒狮变	合上 500kV 第二串贵醒线 502367 线路接地开关					
25	贵阳变	合上 500kV 第四串贵醒线 504367 线路接地开关					
26	运检公司	500kV 贵醒线已由运行状态转检修状态					
27	总调	500kV 贵醒线已由运行状态转检修状态					
28	贵阳变	500kV 贵醒线已由运行状态转检修状态，具备线路三相短接条件					
29	醒狮变	综合令将 500kVⅡ母由运行状态转冷备用状态					
30	醒狮变	核实 500kVⅡ母 TV 隔离开关在分位					
31	醒狮变	退出 500kV 第二串贵醒线 5023 开关所有保护					
32	醒狮变	取下 500kV 第二串贵醒线 5023 开关控制电源保险					
33	醒狮变	退出 500kV 第三串醒福线 5033 开关所有保护					
34	醒狮变	取下 500kV 第三串醒福线 5033 开关控制电源保险					
35	醒狮变	拉开 500kV 第三串醒福线 503367 线路接地开关					
36	醒狮变	综合令将 500kV 第三串醒福线 5033 开关由冷备用状态转运行状态					
37	醒狮变	拉开 500kV 第二串贵醒线 502367 线路接地开关					
38	醒狮变	综合令将 500kV 第二串贵醒线 5023 开关由冷备用状态转运行状态					
39	醒狮变	核实 500kV 醒福线线路直流融冰装置搭接完毕					
40	贵阳变	核实 500kV 贵醒线线路三相短接完毕					
41	福泉变	拉开 500kV 第五串醒福线 505367 线路接地开关					
42	贵阳变	拉开 500kV 第四串 504367 线路接地开关					
43	运检公司	500kV 贵醒线、500kV 醒福线已由检修状态转冷备用状态					
44	总调	500kV 贵醒线、500kV 醒福线已由检修状态转冷备用状态					
45	醒狮变	500kV 鸭福线已由检修状态转冷备用状态，具备带电融冰条件					
46	贵阳变	500kV 贵醒线已由检修状态转冷备用状态，具备带电融冰条件					
47	运检公司	核实 500kV 醒福线、500kV 贵醒线线路直流融冰工作结束					
48	福泉变	核实 500kV 鸭福线线路直流融冰工作结束					
49	贵阳变	核实 500kV 贵醒线线路直流融冰工作结束					

续表

序号	受令单位	操 作 项 目	发令人	发令时间	受令人	完成时间	汇报人
50	醒狮变	给上 500kV 第二串贵醒线 5023 开关控制电源保险					
51	醒狮变	给上 500kV 第三串醒福线 5033 开关控制电源保险					
52	醒狮变	按整定书要求投入 500kV 第二串贵醒线 5023 开关所有保护					
53	醒狮变	按整定书要求投入 500kV 第三串醒福线 5033 开关所有保护					
54	醒狮变	断开 500kV 第二串贵醒线 5023 开关					
55	醒狮变	断开 500kV 第三串醒福线 5033 开关					
56	醒狮变	合上 500kV Ⅱ 母 TV 隔离开关					
57	醒狮变	综合令将 500kV Ⅱ 母由热备用状态转冷备用状态					
58	醒狮变	合上 500kV 第三串醒福线 503367 线路接地开关					
59	福泉变	合上 500kV 第五串醒福线 505367 线路接地开关					
60	贵阳变	合上 500kV 第四串贵醒线 504367 线路接地开关					
61	醒狮变	合上 500kV 第二串贵醒线 502367 线路接地开关					
62	福泉变	500kV 醒福线线路直流融冰工作结束，线路已由冷备用状态转检修状态，具备拆除三相搭接线条件					
63	贵阳变	500kV 贵醒线线路直流融冰工作结束，线路已由冷备用状态转检修状态，具备三相短接线拆除条件					
64	贵阳变	核实 500kV 贵醒线三相短接线已拆除					
65	福泉变	核实直流融冰装置已与 500kV 醒福线可靠隔离					
66	醒狮变	拉开 500kV 第三串醒福线 503367 线路接地开关					
67	醒狮变	核实 500kV 第三串醒福线 5033 开关间隔无工作，可以复电					
68	醒狮变	核实 500kV 第三串醒联络 5032 开关间隔无工作，可以复电					
69	运检公司	核实 500kV 醒福线线路无工作，可以复电					
70	福泉变	核实 500kV 第五串醒福线 5053 开关间隔无工作，可以复电					
71	福泉变	核实 500kV 第五串联络 5052 开关间隔无工作，可以复电					
72	醒狮变	核实 500kV 第三串醒福线 5033 开关间隔无工作，可以复电					

序号	受令单位	操 作 项 目	发令人	发令时间	受令人	完成时间	汇报人
73	醒狮变	核实 500kV 第三串联络 5032 开关间隔无工作，可以复电					
74	醒狮变	拉开 500kV 第三串醒福线 503367 线路接地开关					
75	醒狮变	核实 500kV 醒福线线路保护已按整定书要求投入					
76	醒狮变	核实 500kV 第五串醒福线 5053 开关保护已按整定书要求投入					
77	醒狮变	核实 500kV 第五串联络 5052 开关保护已按整定书要求投入					
78	福泉变	拉开 500kV 第五串醒福线 505367 线路接地开关					
79	福泉变	核实 500kV 醒福线线路保护已按整定书要求投入					
80	福泉变	核实 500kV 第三串醒福线 5033 开关保护已按整定书要求投入					
81	福泉变	核实 500kV 第三串联络 5032 开关保护已按整定书要求投入					
82	福泉变	综合令将 500kV 第三串醒福线 5033 开关由冷备用状态转热备用状态					
83	福泉变	综合令将 500kV 第三串联络 5052 开关由冷备用状态转热备用状态					
84	醒狮变	综合令将 500kV 第五串醒福线 5053 开关由冷备用状态转热备用状态					
85	醒狮变	综合令将 500kV 第五串联络 5052 开关由冷备用状态转热备用状态					
86	醒狮变	退出 500kV 第五串醒福线 5053 开关重合闸					
87	醒狮变	合上 500kV 第五串醒福线 5053 开关					
88	醒狮变	投入 500kV 第五串醒福线 5053 开关单重先合					
89	醒狮变	用 500kV 第五串联络 5052 开关同期合环					
90	醒狮变	核实 500kV 第五串联络 5052 开关单重后合再投					
91	福泉变	用 500kV 第三串醒福线 5033 开关同期合环					
92	福泉变	用 500kV 第三串联络 5032 开关同期合环					
93	福泉变	核实 500kV 第三串醒福线 5033 开关单重先合再投					
94	福泉变	核实 500kV 第三串联络 5032 开关单重后合再投					
95	运检公司	500kV 醒福线已由检修状态转运行状态					

续表

序号	受令单位	操　作　项　目	发令人	发令时间	受令人	完成时间	汇报人
96	总调	500kV 醒福线已由检修状态转运行状态					
97	总调	核实已将 500kV 醒福线福泉变侧所属开关间隔一、二次设备调度权交还总调					
98	福泉变	核实已将 500kV 醒福线线所属开关间隔一、二次设备调度权交还总调					
99	运检公司	核实 500kV 贵醒线线路无工作，具备复电条件					
100	贵阳变	核实 500kV 第四串贵醒线 5043 开关间隔无工作，具备复电条件					
101	贵阳变	核实 500kV 第四串联络 5042 开关间隔无工作，具备复电条件					
102	醒狮变	核实 500kV 第二串贵醒线 5023 开关间隔无工作，具备复电条件					
103	醒狮变	核实 500kV 第二串联络 5022 开关间隔无工作，具备复电条件					
104	醒狮变	拉开 500kV 第二串贵醒线 502367 线路接地开关					
105	贵阳变	拉开 500kV 第四串 504367 线路接地开关					
106	贵阳变	核实 500kV 贵醒线线路保护已按整定书要求投入					
107	贵阳变	核实 500kV 第四串贵醒线 5043 开关保护已按整定书要求投入					
108	贵阳变	核实 500kV 第四串联络 5042 开关保护已按整定书要求投入					
109	醒狮变	核实 500kV 第二串贵醒线线路保护已按整定书要求投入					
110	醒狮变	核实 500kV 第二串贵醒线 5023 开关保护已按整定书要求投入					
111	醒狮变	核实 500kV 第二串联络 5022 开关保护已按整定书要求投入					
112	醒狮变	综合令将 500kV 第二串贵醒线 5023 开关由冷备用状态转热备用状态					
113	醒狮变	综合令将 500kV 第二串联络 5022 开关由冷备用状态转热备用状态					
114	贵阳变	综合令将 500kV 第四串贵醒线 5043 开关由冷备用状态转热备用状态					
115	贵阳变	综合令将 500kV 第四串联络 5042 开关由冷备用状态转热备用状态					
116	贵阳变	退出 500kV 第四串贵醒线 5043 开关重合闸					
117	贵阳变	合上 500kV 第四串贵醒线 5043 开关					
118	贵阳变	投入 500kV 第四串贵醒线 5043 开关单重先合					

序号	受令单位	操 作 项 目	发令人	发令时间	受令人	完成时间	汇报人
119	贵阳变	用 500kV 第四串联络 5042 开关同期合环					
120	贵阳变	核实 500kV 第四串联络 5042 开关单重后合再投					
121	醒狮变	用 500kV 第二串贵醒线 5023 开关同期合环					
122	醒狮变	核实 500kV 第二串贵醒线 5023 开关单重先合再投					
123	醒狮变	用 500kV 第二串联络 5022 开关同期合环					
124	醒狮变	核实 500kV 第二串联络 5022 开关单重后合再投					
125	运检公司	500kV 贵醒线已由检修状态转运行状态					
126	总调	501kV 贵醒线已由检修状态转运行状态					
备注							
填票人			审核人（监护人）		值班负责人		

附件 2.3.3.11　融冰线路观冰作业指导书

表 2-22　　　　　　　　　　　融冰线路观冰作业指导书

作业班组	运检公司 贵阳管理所 都匀管理所	作业开始时间		作业结束时间	
作业任务	500kV 贵醒线观冰点 055 号；500kV 醒福线 016 号、145 号人工观冰				
工作负责人		工作人数		工作人员	

1. 作业前准备

（1）工器具及材料	巡检车辆、个人工器具、红外测温仪、照明工具、望远镜、记录资料、防寒衣物		确认（　）
（2）办理相关手续			确认（　）
（3）基准风险	风险	控 制 措 施	确认
	交通事故	出行前对车辆状况检查，确保状况良好	确认（　）
		出行的车辆安装防滑链，严格控制车速	
		驾驶员人严重酒后、疲劳驾驶	
	冻伤	观冰人员配置保暖设施	确认（　）
		携带防冻伤的药物	
		应用《运检公司突发事件应急预案》中的人身事故现场处置方案	
	砸伤	观冰时不得站在导线正下方	确认（　）
		遇大风时，应站在上风侧，避免被脱冰顺风砸伤	
		遇脱冰导线舞动时，应实时关注导线舞动方向，防止脱冰导致断线伤人	

续表

	补充风险	新增控制措施	确认
（4）新增风险			确认（　）
			确认（　）
			确认（　）
（5）安全交底	已向现场观冰人员交代工作任务及安全注意事项		确认（　）

2. 作业过程

作业步骤	关键控制点	确认
到达融冰线路观冰点	现场观冰人员抵达 500kV 贵醒线 055 号观冰点；500kV 醒福线 016 号、145 号观冰点	确认（　）
	进入规定观冰点位置（附件 2.3.3.8），并准备好红外测温仪器	确认（　）
第一组两相导线融冰的观冰	观冰负责人接到运检公司值班室 500kV 贵醒线融冰开始通知（第一组两相线导线）	确认（　）
	现场观冰人员认真观察导线覆冰变化情况，融冰相导线覆冰开始脱落后，观冰负责人汇报运检公司值班室融冰相导线覆冰已开始脱落	确认（　）
	（1）融冰过程中，对融冰相导线压接管进行红外测温，温度满足规程要求。 （2）融冰过程中，对融冰相导线压接管进行红外测温，温度超过规程要求时，及时汇报运检公司值班室	确认（　）
	（1）脱冰过程中，融冰相导线对地（构筑物等）距离满足要求。 （2）脱冰过程中，融冰相导线舞动较大对地（构筑物等）距离不满足要求时，及时汇报运检公司值班室	确认（　）
	第一组两相导线覆冰全部脱落，观冰负责人汇报运检公司值班室融冰相导线覆冰已脱落，可停止第一组两相线融冰工作	确认（　）
第二组两相导线融冰的观冰	观冰负责人接到运检公司值班室线路第二组两相线融冰开始通知	确认（　）
	现场观冰人员认真观察导线覆冰变化情况，融冰相导线覆冰开始脱落后，观冰负责人汇报运检公司值班室融冰相导线覆冰已开始脱落	确认（　）
	（1）融冰过程中，对融冰相导线压接管进行红外测温，温度满足规程要求。 （2）融冰过程中，对融冰相导线压接管进行红外测温，温度超过规程要求时，及时汇报运检公司值班室	确认（　）
	（1）脱冰过程中，融冰相导线对地（构筑物等）距离满足要求。 （2）脱冰过程中，融冰相导线舞动较大对地（构筑物等）距离不满足要求时，及时汇报运检公司值班室	确认（　）
	第二组两相线覆冰全部脱落，观冰负责人汇报运检公司值班室融冰相导线覆冰已脱落，可停止融冰工作	确认（　）
	（1）现场观冰人员对融冰相导线压接管进行红外测温复测，温度满足规程要求。 （2）现场观冰人员对融冰相导线压接管进行红外测温复测，温度不满足规程要求时，及时汇报运检公司值班室	确认（　）
	（1）脱冰结束后，导线相间距离或对地（构筑物等）距离满足规程要求。 （2）脱冰结束后，导线相间距离或对地（构筑物等）距离不满足规程要求时，及时汇报运检公司值班室	确认（　）
观冰结束	现场观冰人员收好测量仪器，撤离观冰点，观冰结束	确认（　）

3. 作业终结

（1）	结论	完成（　）	未完成（　）	
（2）	备注			

附件 2.3.3.12 融冰线路末端短接线安装及拆除作业指导书

表 2-23　　　　　　融冰线路末端短接线安装及拆除作业指导书

作业班组	贵阳局 变电管理二所、 输电管理所	作业开始时间		作业结束时间	
作业任务	500kV 贵阳变、500kV 贵醒线阻波器靠线路侧融冰短接线安装及拆除				
工作负责人		工作 人数		工作人员	

1. 作业前准备

（1）工器具及 材料	巡检车辆、短接线、吊绳、滑车、个人工器具、照明工具、登高车、屏蔽服			确认（　）
（2）办理相关 手续	工作负责人办理变电第一种工作票，工作票编号：_____			确认（　）
（3）基准风险		风险	控 制 措 施	确认
		交通事故	出行前对车辆状况检查，确保状况良好	确认（　）
			出行的车辆安装防滑链，严格控制车速	
			驾驶员人严重酒后、疲劳驾驶	
		高处坠落	在登高车上正确使用安全带	确认（　）
			正确使用登高车，并由有操作资格的人员进行操作	
		触电	检查工具及吊绳、屏蔽服安全性能	确认（　）
			停电工作需按要求办理好相关停电手续，作业前工作负责人需对工作班成员进行安全技术交底	
			登高车升降时有专人监护，与周围带电体最小安全距离大于 5m	
			工作前检查安全措施，工作中严格执行工作监护制度	
			核实间隔名称与编号	
			搭设封闭接地线前，需先验明线路不带电。验电前检查验电器外观、电压等级、试验合格证、绝缘手套满足要求，验电时正确操作验电器	
			末端短接作业地段搭设封闭接地线，挂接地时先接接地端后接导线端，拆地线时则相反	
		物体打击	进入作业现场必须佩戴安全帽，高处作业下方禁止人员停留	确认（　）
			高处作业人员携带工具包。对无法放入工具包的物品必须妥善放置或捆绑，上下传递物品时需使用绳索传递	
			受力工器具使用前进行合格证和外观的检查，使用中避免过度受力	

（4）新增风险	补 充 风 险	新 增 控 制 措 施	确认
			确认（　）
			确认（　）
（5）安全交底	工作人员确认清楚工作任务及安全注意事项，已对工作班成员进行工作票安全交底及签字认可		确认（　）

2. 作业过程

作业步骤	关键控制点	确认
融冰短接线搭设步骤		
工作许可	工作负责人得到变电站值班负责人许可工作后，组织开始短接工作	确认（　）
验电	变电运行人员须同末端短接工作组作业人员到达工作现场进行安全交底，并验明工作地段无电	确认（　）
作业人员就位	驾驶登高车到指定工作地点，作业人员穿好屏蔽服进入登高车升降斗中，并系好安全带	确认（　）
	操作登高车将作业人员送入作业位置	确认（　）
	操作登高车升降时有专人监护，与周围带电体最小距离大于 5m	确认（　）
搭设接地线	作业人员分别在三相导线阻波器靠线路侧 1m 处安装临时接地线。挂接地时先接接地端后接导线端	确认（　）
左相短接	在阻波器靠线路侧 0.5m 处为第一个短接点，将第一组融冰短接线一端与导线连接，检查连接牢靠	确认（　）
中相短接	在阻波器靠线路侧 0.5m 处为第二个短接点，将第一组融冰短接线另一端与导线连接，检查连接牢靠	确认（　）
	在阻波器靠线路侧 0.8m 处为第三个短接点，将第二组融冰短接线一端与导线连接，检查连接牢靠	确认（　）
右相短接	在阻波器靠线路侧 0.8m 处为第四个短接点，将第二组融冰短接线另一端与导线连接，检查连接牢靠	确认（　）
拆接接地线	三相导线接线短接工作结束后，分别将临时接地线进行拆除。拆除接地时先拆导线端后拆接地端	确认（　）
撤离作业位置	检查导线上无遗留物，操作登高车使作业人员撤离	确认（　）
	操作登高车升降时有专人监护，与周围带电体最小距离大于 5m	确认（　）
短接工作结束	核对工器具、材料是否遗留，人员已全部撤离。工作负责人向变电站值班负责人汇报短接工作结束，办理工作间断手续	确认（　）
融冰短接线拆除步骤		
工作许可	工作负责人得到变电站值班负责人许可工作后，组织开始拆除短接线工作	确认（　）
验电	变电运行人员须同末端短接工作组作业人员到达工作现场进行安全交底，并验明工作地段无电	确认（　）

续表

作业人员就位	作业人员穿好屏蔽服进入登高车升降斗中,并系好安全带	确认( )
	操作登高车将作业人员送入作业位置	确认( )
	操作登高车升降时有专人监护,与周围带电体最小距离大于 5m	确认( )
搭设接地线	作业人员分别在三相导线阻波器靠线路侧 1m 处安装临时接地线。挂接地时先接接地端后接导线端	确认( )
短接线拆除	拆除阻波器靠线路侧左相短接线	确认( )
	拆除阻波器靠线路侧中相短接线	确认( )
	拆除阻波器靠线路侧右相短接线	确认( )
拆除接地线	三相导线短接线短接工作结束后,分别将临时接地线进行拆除。拆除接地时先拆导线端后拆接地端	确认( )
撤离作业位置	检查导线上无遗留物,操作登高车使作业人员撤离	确认( )
	操作登高车升降时有专人监护,与周围带电体最小距离大于 5m	确认( )
工作结束	核对工器具、材料是否遗留,人员已全部撤离。末端短接工作组负责人向变电站值班负责人汇报工作结束,办理工作终结手续	确认( )

3. 作业终结

(1)	结论	完成( )	未完成( )
(2)	备注		

附件 2.3.3.13 融冰现场处置方案"三措"主要内容

表 2-24　　　　　　　　　　　融冰现场处置方案"三措"主要内容

序号	三措	主　要　内　容	备注
1	组织措施	(1) 在都匀供电局设置融冰操作工作组,小组成员包括贵州中调、贵阳供电局、运检公司。 (2) 在贵阳供电局设置末端短接工作组,小组成员包括贵阳供电局设备部、变电管理二所、输电管理所。 (3) 在运检公司设置观冰组,小组成员包括运检公司值班室及运检公司贵阳、都匀管理所	详见附件 2.3.3.1、 2.3.3.2
2	技术措施	融冰方式:固定式串接直流融冰。 融冰线路:500kV 醒福线、500kV 贵醒线。 融冰接线点: (1) 首端搭接点:500kV 福泉变,合上 5053RB 融冰断路器。 (2) 中间变电站:500kV 醒狮变。 (3) 末端短接点:500kV 贵阳变 500kV 贵醒线阻波器靠线路侧 0.5～0.8m 处。 融冰启动:达到融冰条件后,运检公司向贵州电网防冰办公室提出融冰申请。 实施融冰: (1) 融冰线路首末端搭接(操作融冰刀闸)和人工短接。 (2) 500kV 福泉变设置融冰电流,启动实施融冰,融冰模式一次 1-1,一次 1-2。 (3) 拆除首末端搭接和短接,融冰工作结束	

续表

序号	三措	主　要　内　容	备注
3	安全措施	（1）工作前检查安全措施，工作中严格执行工作监护制度，严防误入带电间隔。 （2）严格执行五防解锁制度，严防误解锁所。 （3）现场作业人员穿防寒服、戴防寒安全帽，穿防滑鞋，确保个人防护用品完善并正确使用。 （4）出行的车辆安装防滑链，严格控制车速。 （5）夜间工作配备足够的照明设备。 （6）现场作业人员触及、装拆、调整融冰线路及临时连接线等作业前或人体小于线路安全距离前，应将线路视为可能带电体，严格按照安规要求进行验电；对可能存在感应电压的情况应安装个人保安地线后，方可作业。作业结束后，应拆除个人保安地线和临时接地线。 （7）末端短接作业地段搭设封闭接地线；搭设封闭接地线前，需先验明线路不带电。验电前检查验电器外观、电压等级、试验合格证、绝缘手套满足要求，验电时正确操作验电器。 （8）正确使用登高车，并由有操作资格的人员进行操作；若有攀爬上下杆塔时，接线人员要系好安全带，应采用双挂钩交替紧挂或其他具备全过程保护的防坠措施；在杆塔上作业时，应使用安全带双保险防坠措施，任何时候不得失去防高空坠落的保护。 （9）作业中不得上下抛掷工具、物件等，使用绳索传递。 （10）地面工作人员不能站在高空作业点的下方。 （11）观冰人员正确佩戴安全帽，进入指定观冰点或选择有效避开脱冰的安全观冰位置。 （12）确保各连接点可靠连接，对连接点进行温度监控。 （13）工作中严格执行两票管理制度。 （14）不能超过电流互感器 1.2 倍额定电流 1h。 （15）按照要求修改保护定值，并确保保护可靠投入；监视融冰过程中的三相电流、电压变化情况，发现异常情况时立即切断融冰电源。 （16）融冰过程中发布指令、命令时应采用录音电话，发布命令与联系沟通应严格区分，避免混淆。线路融冰工作期间，值班调度员、现场指挥、变电站运行人员、线路工作负责人、线路派工单小组负责人、工作班成员之间的指令（命令）发布与接受，信息沟通与工作联系等，应明确区分（如分别口头表述为"现在下达指令、命令""现在进行情况了解"等形式），防止出现误解；严禁以工作沟通联系或交换代替指令、命令发布。 （17）受令人员对接受的指令、命令存在疑问或发现指令、命令与实际工作方案不符，可能危及安全时，应停止执行，并立即向指令、命令的发布人报告和沟通落实，待澄清相关疑虑后方可执行。 （18）因现场实际条件变化或异常，应立即终止融冰工作，需要调整融冰工作方案相关内容时，异常情况责任单位应牵头组织补充编制调整内容，并经方案原审批人审批，同时确保传达到调度部门及现场各工作小组后方可执行。严禁现场指挥擅自变更	

2.4　固定式直流融冰装置的优缺点分析

固定式直流融冰技术先进，不需要很大的负荷，一般只需要 1 至数万千瓦的功率，而且直流输出电压可以连续平滑调节，可在一定范围内针对不同长短的单条或多条线路进行串联融冰，操作比较简单，为线路的融冰工作提供了一种简单、有效的方式。

固定式直流融冰装置引入变电站 10～35kV 电源，通过三绕组整流变压器（或不需要整流变压器）后，送入 6 脉动或 12 脉动可控硅整流器，经整流后输出平滑可调的直流量。该装置可实现输出电压、电流调节功能，可满足所有电压等级线路的直流融冰。

固定式直流融冰装置不考虑其移动性能，因此能够将容量做得很大。从理论上来说固定式直流融冰装置可以适用于任何地点、任何电压等级和任何截面积的输电导线的融冰（因为它能够输出很大的融冰电流），是一种万能的通用方法。

在融冰装置建成之初，没有专用的融冰断路器，融冰母线与融冰母线之间的连接采用人海战术（约 30 人加大型高空作业机械），一般耗时 3h 左右才能完成一次连接；融冰完成之后，仍然需要人海战术爬上高空拆除那些巨大的连接导线。本章工程应用的融冰现场处置方案中，连接融冰母线与融冰线路的媒介均采用的专用的融冰断路器。

但是在工程实际中，由于考虑到工程造价、安装场地以及经济性等客观原因，固定式直流融冰装置目前还只应用于重要的核心变电站。也正是由于这种原因，大大地限制了这种"万能方法"在电网中的普及和应用。

第3章　移动式直流融冰技术

2008年我国南方大范围冰灾之后，南网率先研制成功固定式直流融冰装置，并很快在电网中推广应用，取得了良好的社会效益和经济效益。

但是，由于其"固定式"的特点，导致它难以移动，覆盖面积小，加上这种固定式直流融冰装置造价十分高昂，导致了它难以在一般的变电站中推广应用。

电网是关系国家能源安全和国民经济命脉的重要基础设施和公用事业，承担着为经济社会发展和国计民生提供重要的能源保障、促进经济社会可持续发展的重大责任。随着现代化水平的不断提高，全社会对电力的依赖程度越来越高，对电力供应的质量也提出了更高要求。

低温雨雪冰冻天气引起的输电线路覆冰是众多国家电力系统所面临的严重威胁之一，严重的覆冰会引起电网断线、倒塔，导致大面积停电事故，也使得快速恢复送电变得非常困难。20世纪40年代以来，冰灾一直是电力系统工业界竭力应对的一大技术难题。1998年北美风暴给美加电网带来了严重的影响，造成了范围广阔的电力中断。2005年，低温雨雪冰冻天气给我国华中、华北电网造成了严重的灾害。2008年1—2月，低温雨雪冰冻天气再次袭击我国南方、华中、华东等地区，导致贵州、湖南、广东、云南、广西和江西等省（自治区）输电线路大面积、长时间停运，给国民经济和人民生活造成巨大损失。

为应对越来越频繁的冰灾对电力系统基础设施的严重威胁，工业界与学术界研究了多种除冰、融冰技术。其中，直流融冰的工作原理是通过大功率整流装置将交流转换为直流以对覆冰导线加热进行融冰。直流融冰技术克服了交流融冰的限制，直流融冰时线路阻抗的感性分量不起作用，大大降低了直流融冰所需的容量，提高了融冰效率；直流融冰时直流电压连续可调，通过调整直流输出电压，可以满足不同长度线路的融冰要求，且不需要进行阻抗匹配，大大降低了融冰对电力系统运行方式的苛刻需求；安装于枢纽变电站的直流融冰装置可对全站所有的进出线开展融冰工作。

国际上，苏联自1972年开始使用二极管整流装置融冰，后来采用可控硅整流装置。俄罗斯直流研究院成功研制了2个电压等级的可控硅整流融冰装置：14kV（由11kV交流母线供电）和50kV（由38.5kV交流母线供电）。14kV装置的额定功率为14MW，50kV装置的额定功率为50MW。50MW装置于1994年在变电站投运，并成功应用于一条315km长的110kV输电线路的除冰。1998年北美冰灾后，魁北克水电局与AREVA T&D公司投入2500万欧元，合作开发了直流融冰装置，并在魁北克电网的Lévis变电站安装，容量250MW，直流输出电压±17.4kV，设计目的是对4条735kV和2条315kV线路进行融冰。该装置2008年完成现场试验，但至今未进行过实际融冰。

2008年冰灾后，我国电力科技工作者自主进行了直流融冰技术及装置的研发，成功研发出了具有完全自主知识产权的大功率直流融冰装置，主要包括带专用整流变压器、不带专用整流变压器和车载移动式等多种型式，进而在全国进行了推广应用，共约20余套直流融冰装置投入运行，其中南网内布置有19套。

2009年1月，贵州电网对500kV福施Ⅱ线、220kV福旧线、110kV福牛线110kV水树梅线进行了直流融冰，云南电网公司对220kV昭大Ⅰ回线进行了直流融冰，广东电网公司对110kV通梅线进行直流融冰。2009年11月，云南电网公司对110kV大中T线进行了直流融冰。初期的实际应用表明直流融冰技术是电网除冰的有效手段。

2011年1月，大面积覆冰再次袭击南网，南网内已经安装的19套直流融冰装置均发挥了重大作用，对110kV以上线路进行直流融冰共计217条次，其中500kV交流线路33条次，充分发挥了直流融冰装置的作用，确保了电网的安全。

已经推广应用的带专用整流变压器和不带专用整流变压器的直流融冰装置安装于变电站，其体积和重量决定了其在冰灾期间不能实现灵活移动。鉴于其投资较大且不能灵活移动，因此不适于在电网中低压（110kV及以下）线路推广应用。

在这样的背景下，南网在2011年成功研制出移动式直流融冰装置，该移动式直流融冰装置安装在一辆运载车辆上，可以方便地移动到任何一个具有适当融冰电源的变电站，在需要时对该站高压输电线路进行融冰操作。

由于移动式直流融冰装置为新设备，在变电站接入电力系统没有成熟的技术方案和专用的接入设备，因此迫切需要一种设备在移动式直流融冰装置与被融冰高压输电线路（三极）之间进行快速高效的连接。

3.1　移动式直流融冰装置工程样机原理介绍

移动式直流融冰装置的技术原理与固定式直流融冰装置的原理相同，均利用整流装置将50Hz的正弦交流电转变为6脉动的可平滑调节的直流电（这个直流电并非真正意义上直流，其中包含了很多高次谐波），再将直流电源输送至需要融冰的线路，利用电流在导体上产生的热效应将覆冰融化，从而达到融冰的目的。

3.1.1　技术原理

移动式直流融冰装置主接线及其测量点配置如图3-1所示。

移动式直流融冰装置包括阀侧电流互感器，采用风冷却的换流器R，直流侧电压互感器，直流侧电流互感器，其中阀侧电流互感器的一端均通过隔离开关K及交流侧供电断路器QF与变电站的电网连接，阀侧电流互感器的另一端分别与换流器R连接，换流器R正极与直流侧电压互感器和直流侧电流互感器连接，并与融冰线路的A相导线或B相导线或C相导线连接，换流器R负极与直流侧电压互感器和直流侧电流互感器连接，并与融冰线路的A相导线或B相导线或C相导线连接，阀侧电流互感器、换流器R、直流侧电压互感器、直流侧电流互感器均与控制保护系统C连接，变电站的电网电压互感器与控制保护系统C在融冰时临时进行连接。

阀侧电流互感器的一端均通过隔离开关K连接，交流侧供电断路器QF、隔离开关

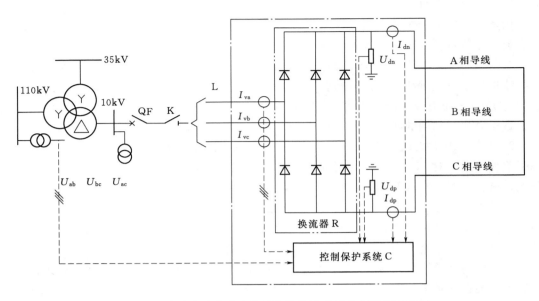

图 3-1　移动式直流融冰装置主接线及其测量点配置示意图

QS 设置在变电站内，直流侧不设接地点。换流器直流侧输出电流 800～1200A，额定电压 12～13kV，换流器采用风冷却，具有大角度额定电流运行能力。阀侧电流互感器的一端与进线变电站内交流电源的连接采用预制接头临时进行连接；换流器 R 正负极与融冰线路各相导线在开展融冰时采用预制接头临时进行连接；控制保护系统 C 需用的变电站 110kV 电压互感器的电压信号采用预制接头与控制保护系统 C 在开展融冰时临时进行连接。阀侧电流互感器、采用风冷却的换流器 R、直流侧电压互感器、直流侧电流互感器、控制保护系统 C 及其他辅助设备均安放在一个柜体内，总重量为 800～1500kg，并安放在汽车上进行移动。换流器还能够连接无功补偿和谐波抑制的滤波器组。

直流融冰装置的测量量包括交流阀侧三相电压（U_{va}、U_{vb}、U_{vc}）、三相电流（I_{va}、I_{vb}、I_{vc}）、直流侧电流（I_{dp}、I_{dn}）、直流侧电压直流侧电流（U_{dp}、U_{dn}）。直流融冰装置的保护区域分为交流保护区、换流器保护区和直流线路保护区三个部分。保护配置为交流过电压保护、交流低电压保护、交流过流保护、阀短路保护、桥差动保护、直流过流保护、晶闸管结温监视、误触发保护、直流过压保护、直流欠压保护、直流 50Hz 保护、直流 100Hz 保护、开路试验保护和融冰线路直流电压差动保护。

10kV 6 脉动移动式直流融冰装置原理接线如图 3-2 所示。

该融冰装置的主回路由过压吸收保护、三相 TV、TA、三相桥式整流电路、直流过压保护组成。

电网三相 10kV 交流电源经穿墙套管送入 10kV 电流互感器、10kV 避雷器串接进线电抗进入整流桥。进线电抗用来降低元件开通时的电流上升率 di/dt，整流桥的每个整流臂由 7 只晶闸管串联组成。每臂在 2 只晶闸管损坏后能保证整流桥正常工作。直流电流传感器套在负母线上检测直流电流，直流电压由分压电阻取出。同时直流设 15kV 避雷器过

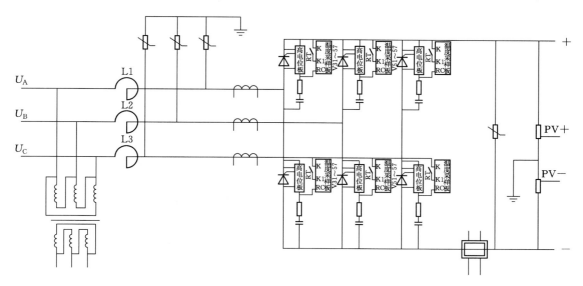

图 3-2　10kV 6 脉动移动式直流融冰装置原理接线图

压保护吸收直流回路的过电压，交流侧过压保护吸收断路器操作时产生的过电压。保护器件选用 10kV 避雷器，整个主电路与控制电路控制信号经光缆传输。

该融冰装置可作为输电线融冰加热电源，也可用作其他高压直流电源。

3.1.2　实施方式

移动式直流融冰装置的电源直接取 110kV 变电站主变 10kV 侧。典型 110kV 或 35kV 主变低压侧短路电流小于常用普通晶闸管导通状态涌浪（非重复）电流，即典型 110kV 主变均可提供换流器换相需要的换相电抗。

移动式直流融冰装置包括换流器本体、阀侧电流互感器、直流侧电流互感器、电压互感器、控制保护设备及其他辅助设备，安放在一个定制柜体内，总重量 800～1500kg，可放在汽车上在各变电站之间进行移动。移动式直流融冰装置运行时产生的无功和谐波可通过将站内原电容补偿装置改造为兼顾移动式直流融冰装置运行的滤波装置。考虑到融冰的短时性，在一定条件下，如果能够将一台 110kV 主变 10kV 侧腾空以作为换流器的输入电源，则也可以不配置滤波器组进行无功补偿和谐波抑制。滤波器可以根据具体情况决定是否配置。

整流回路中平波电抗器的主要作用是防止电流断续、限制电流脉动和短路电流。如前所述，110kV 主变能够限制短路电流。110kV 及以下线路电抗比直流电阻大 4 倍以上，时间常数 $T=L/R>4/314=12.7$（ms），6 脉动全波桥式整流的脉动周期 $T_s=20/6=3.3$（ms），融冰回路的时间常数大于电流脉动周期，电流不会断续，所以不需要设置专门的平波电抗器。同理，典型 110kV 主变能够提供换流器需要的换相电抗且限制短路电流，所以不需要专门设置换相电抗。移动式直流融冰装置与融冰线路和站内交流电源的临时连接采用预制接头。

3.1.3　装置特点

（1）不需要专用整流变压器，直接接在 110kV 主变 10kV 侧。

（2）不需要设置换相电抗。

（3）不需要专门设置平波电抗器。

（4）不需要配置直流滤波器或直流阻波器。

（5）直流侧不设置接地点。

（6）换流器直流侧输出电流 800～1200A，额定电压 12～13kV，采用风冷，不采用水冷却系统。

（7）可用于绝大多数 110kV 及以下电压等级线路融冰，要求换流器具有长期大角度大电流运行能力。

（8）换流器本体、阀侧电流互感器、直流侧电流互感器、电压互感器、控制保护设备及其他辅助设备，安放在一个定制箱体内，总重量 800～1500kg。可安放汽车上在各变电站之间进行移动。

（9）直流融冰装置运行时产生的无功和谐波可通过将站内原电容补偿装置改造为兼顾移动式直流融冰装置运行的滤波装置。

3.2　移动式直流融冰装置的应用情况

本节以某 110kV 线路融冰处置方案来说明其在工程实践中的应用情况。

3.2.1　目的

为了确保线路冬季覆冰期间可以迅速、准确地对 110kV 福东线进行直流融冰，特编制此方案。

3.2.2　依据

（1）《输变电设备防冰管理办法》。

（2）《车载式直流融冰装置操作手册》。

（3）《贵州电网融冰技术规程》。

（4）《车载直流融冰装置运行规程》。

3.2.3　主要技术参数

（1）10kV 融冰电源间隔为 10kV 电容器 061 断路器，融冰电源接入点为 10kV 061 断路器 TA 下部出线侧（解开与电容器连接的母排）。

（2）线路名称：110kV 福东线。

（3）线路及融冰参数见表 3-1。

（4）移动式直流融冰装置参数见表 3-2。

表 3-1　　　　　　　　　　　　　　**线 路 及 融 冰 参 数**

指 标 名 称	指 标	指 标 名 称	指 标
线路名称	110kV 福东线	1 小时融冰电流/A	511
线路型号	LGJ-185	最大允许电流/A	1022
线路长度/km	6.02	线路末端短接点（线路末端）	110kV 福东线 24 号塔处
0.5 小时融冰电流/A	613		

注　1. 融冰电流按照南网研究中心提供的《圆线同心绞架空导线》（GB 1179—1999）规格导线 10mm 覆冰下的融冰电流进行选择。

2. 一般情况下，对于老旧线路不建议用 0.5h 融冰电流进行融冰操作，因为断线的风险较高；但在健康状况较好的线路可以考虑。

表 3-2　　　　　　　　　　　　　**移动式直流融冰装置参数**

指 标 名 称	指 标	指 标 名 称	指 标
接入点额定电压/kV	10	电流过载能力	1.2 倍额定电流 2h
额定容量/MW	13	尺寸（长×宽×高）（含车）/m	8.0×2.5×4.0
额定电流/A	1000	重量/t	4～5
额定电压/kV	13		

3.2.4　风险点分析及控制措施

风险点分析及控制措施见表 3-3。

表 3-3　　　　　　　　　　　　**风险点分析及控制措施**

风 险 点 分 析	控 制 措 施
误入带电间隔	工作前检查安全措施，工作中严格执行工作监护制度
误解锁	严格执行五防解锁制度
冰冻湿滑的路面	穿防滑鞋
带电的线路	登杆前仔细核对编号并验电、装设接地线
湿滑的电杆	使用防滑脚扣，正确使用安全带
冰冻湿滑的构架	穿防滑鞋，正确使用安全带
不牢固的连接	可靠连接，对连接点进行温度监控
融冰电源间隔的电流互感器可能因融冰电流超过其额定值而损坏	不能超过电流互感器 1.2 倍额定电流 1h
线路薄弱环节可能因发热而烧断，造成线路接地	调度部门通知相关调度、市场部通知重要用户做好区域电网保电方案；由线路运行部门在重要铁路、公路及居民区设专人监护
融冰过程中，融冰线路可能发生故障	变电二次工作组按照要求修改保护定值，并确保保护可靠投入；变电操作组安排专人监视融冰过程中的三相电流、电压变化情况，发现异常情况时立即切断融冰电源后汇报指挥部
在进行融冰工作的过程中可能发生交通事故	出行的车辆安装防滑链，严格控制车速（不宜超过 40km/h）
因天气太冷，可能造成工作人员冻伤	穿防寒服、戴防寒安全帽，确保个人防护用品完善并正确使用
夜间因照明度不够，可能造成工作人员发生意外	配备足够的照明设备

3.2.5　准备工作

（1）退出 10kV Ⅰ母单元站用变和所有电容器组（0514TV 单元运行，融冰回路为 011→10kV Ⅰ母→061→融冰装置输入电缆→融冰装置→融冰装置输出电缆→1007 乙→110kV 旁母→1017→110kV 福东线路），如图 3-3 所示。

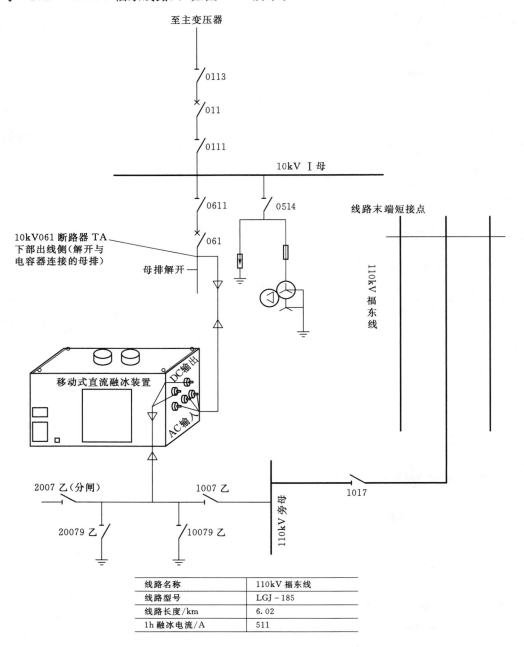

线路名称	110kV 福东线
线路型号	LGJ-185
线路长度/km	6.02
1h 融冰电流/A	511

图 3-3　移动式直流融冰装置融冰回路示意图

（2）将车载式直流融冰装置停放到变电站内指定位置，完成移动式直流融冰装置380V 交流电源、220V 直流电源、断路器控制信号、10kV 母线 TV 信号的接入工作，并按以下步骤确认装置正常：

1）确认集装箱箱体正确接地。

2）确认上位机监视电脑网线已连接，电脑已开机。

3）确认移动融冰设备功能正常（参考车载移动融冰装置维护手册）。

4）确认各保护定值已按现场条件设定完毕。

5）确认升流控制模式设为"自动"和"电流闭环控制"。

6）确认完成相位校验。

7）确认急停按钮在复位位置。

8）确认运行方式旋钮在运行位置。

9）集装箱上部风机出口活动门全部打开。

（3）将 110kV 福东线操作到检修状态，由线路检修部门完成线路末端三相短接完毕并汇报调度。

（4）将 10kV 电容器 061 断路器单元操作到检修状态，由变电检修部门将直流融冰装置电源输入电缆连接到 10kV 电容器 061 断路器的下端：10kV 061 断路器 TA 下部出线侧（解开与电容器连接的母排），电缆另一端连接到直流融冰装置的交流输入端。工作完毕后汇报变电站值班员。

（5）由变电检修部门将 10kV 融冰电源间隔 10kV 电容器 061 断路器单元保护定值改为临时定值：450A，0.3s（交流侧，一次值）。

3.2.6 融冰操作步骤

（1）将直流输出电缆的一端连接到 1007 乙隔离开关（10079 乙在分闸位置）靠220kV 旁母侧（2007 乙和 20079 乙均在分闸位置），只连接 A、B 相，将直流输出电缆的另一端与融冰装置输出端正、负极分别相接。

（2）将 110kV 福东线由检修状态操作到冷备用状态，将 110kV 旁母操作到冷备用状态。

（3）合上 1017、1007 乙隔离开关。

（4）将 10kV 电容器 061 断路器操作到运行状态，让移动式直流融冰装置带电。

（5）在移动式直流融冰装置的工作台上设定直流电流升降率为 500A/min，直流电流指令为 511A，"解锁"融冰装置对线路进行升流，同时通知线路观冰人员开始观察。

（6）电流保持为 511A，根据线路观冰人员的观察结果来确定融冰时间，如果覆冰已经融化，则在工作台上设定直流电流为 0A，待直流融冰装置输出电流为 0 后，关闭触发电源。

（7）A、B 相融冰结束。

（8）将 10kV 电容器 061 断路器单元操作到检修状态。

（9）拉开 1007 乙隔离开关，合上 10079 乙接地开关。

（10）将移动式直流融冰装置出线端连接到 B 相的电缆改接到 C 相。

（11）拉开 10079 乙接地开关、合上 1007 乙隔离开关。

（12）重复步骤（4）～（6），对 A、C 相进行融冰操作（目标是 C 相）。

（13）A、C 相融冰结束。

3.2.7　恢复步骤

（1）将 110kV 福东线操作到检修状态，由线路检修部门拆除线路末端三相短接线（如需要对一条线路进行融冰操作则以下步骤可省略）。

（2）将 10kV 电容器 061 断路器单元操作到检修状态，由变电检修部门拆除融冰装置输入、输出端的高压电缆及其他二次电缆等。

（3）恢复 10kV 电容器 061 断路器一次连线。

（4）恢复 10kV 电容器 061 断路器单元保护定值为正常方式时的定值。

3.2.8　组织措施

（1）都匀供电局设置融冰工作指挥小组。

（2）都匀供电局线路检修部门发现线路覆冰达到融冰需求时，与融冰工作指挥小组沟通，若确认需进行线路直流融冰，向调度部门提出线路停电申请（含线路末端三相短接工作），在申请中要包括线路首端电缆连接的工作（该项工作实施时由变电检修部门负责），并注明停电的工作范围和停电目的。

（3）都匀供电局变电检修部门根据融冰工作指挥小组的命令，向调度部门提出融冰间隔的停电申请，在申请中要注明停电的工作范围和停电目的。

（4）调度部门批复线路停电申请和融冰间隔的停电申请。

（5）待线路转为检修状态，融冰工作指挥小组负责人通知都匀供电局线路检修部门在线路末端进行三相短接工作。

（6）融冰装置输入端和输出端高压电缆连接完毕后，工作负责人向融冰工作指挥小组汇报情况。

（7）待线路接线完毕，工作负责人向融冰工作指挥小组汇报情况。

（8）融冰工作指挥小组负责人通知变电站运行人员负责融冰装置操作工作（当运行人员不能操作时，变电管理所试验人员可进行操作）。

（9）线路融冰期间，都匀供电局线路检修部门对线路融冰情况进行观测，随时向融冰工作指挥小组负责人汇报线路脱冰状况。

（10）融冰工作指挥小组根据都匀供电局线路检修部门汇报的监测情况确定融冰电流的升降、融冰线路相间切换以及融冰工作的结束。

（11）待融冰工作结束，融冰工作指挥小组负责人通知都匀供电局线路检修部门拆除线路末端三相短接线；通知变电检修部门拆除融冰装置输入端、输出端高压电缆及二次电缆等。

3.3　移动式直流融冰装置的优缺点分析

移动式直流融冰装置的应用从很大程度上弥补了固定式直流融冰装置的不足。固定式直流融冰装置主要融冰对象为 220kV 及以上输电线路，而移动式直流融冰装置的主要融冰对象为 110kV 及以下线路。

但是，移动式直流融冰装置接入系统需要满足一定条件。如从 10kV 开关柜用高压电缆取得融冰电源接入移动式直流融冰装置，其工作量很大，连接电缆的时间一般为 2～3h（含解除连接的时间），在需要融冰的时候，其工作效率将受到极大的影响，同时工作人员的作业风险也很大。

另外，移动式直流融冰装置还存在以下不足：

（1）装置在工作时会产生较大的谐波，这些谐波会对电网造成较大的污染与危害。

（2）装置的可靠性还有待进一步提高。

（3）装置在冰天雪地时的移动能力还有待进一步提高。

第4章 方式融冰技术

随着融冰技术的发展，出现了固定式直流融冰装置、移动式直流融冰装置、可变电压交流融冰技术、固定电压交流融冰技术等，但是，工程实际中，由于电网覆盖面积太大，总有一些地方是这些融冰装置"鞭长莫及"的。而这些线路在冬季覆冰时又可能会影响到电网的安全运行，方式融冰便可以解决这个问题。

4.1 方式融冰的原理

方式融冰的原理为：在满足对负荷持续供电的前提条件下，合理安排电网的运行方式，尽可能地增大供电线路的负荷，使负荷电流基本满足导线的融冰电流值。这样，经过一段时间的运行，负荷电流产生的热量就会融化输电线路导线上的覆冰，从而达到融冰的目的。

简言之，方式融冰就是改变电网的运行方式，增大目标线路（即融冰线路）的负荷电流至融冰电流值附近，从而达到融冰的目的。

方式融冰能否实施主要与电网结构和运行方式相关，依据不同的电网结构可有不同的实现方法。对于具有双回路并列运行的线路可停运其中一条线路，这是增加融冰线路潮流较为有效的措施，但也不可避免地降低了电网安全稳定性。作为联络线的覆冰线路，可增大送端电网开机容量、减少受端电网开机容量。除了以上两种实现方法以外，还可采用转移负荷的方法，各供电局可通过调整地区负荷供电方式，将负荷转移至需融冰线路，使流过线路的有功潮流达到融冰需要的有功潮流。对于环网或网格状的电网结构，变电站间相互支援能力强，通过调整电源供电容量或转移负荷的方式比较困难，可采用解环的方式调整网架结构。线路方式融冰涉及电网运行方式的大量调整和运行操作，必然会增加电网安全运行的风险，为控制电网运行的安全风险，必须合理安排电网运行方式，做好保护定值核算、事故处理各项应对措施。优化融冰线路的组合路径是方式融冰的一大难点，其中有几个关键点：①尽量减少频繁的倒闸操作，将需要进行方式融冰的线路贯穿起来综合考虑，通过对电网的灵活倒换力求实现用最少的方式调整实现最多线路的融冰，从而减少电网运行的操作量和风险，同时提高方式融冰的效率；②测算好主变容量，通过科学、灵活转移负荷实现多条线路的同时融冰，同时解决线路方式融冰受主变容量限制难以实现的问题；③测算好融冰线路的输送容量，核算好保护定值，避免融冰负荷过大造成线路跳闸。

方式融冰主要依靠调度对运行方式进行调整，改变覆冰线路潮流分布，不需要额外提供辅助设备，融冰操作较易实现。方式融冰的实现条件主要有以下几点：

（1）融冰电流要满足其实现条件，线路通过的负荷电流要大于最小融冰电流，但不能大于线路最大容许电流。

（2）方式融冰的融冰电压仍使用线路正常运行时的电压，只是略微抬高融冰线路首端电压。融冰过程中，线路末端电压可能会下降，融冰通道内必须有无功补偿装置补偿无功，抬升线路末端电压维持电压稳定。

（3）线路通过的负荷容量不能超过线路所能通过的最大负荷。

（4）方式融冰的实现条件还依赖于电网结构和运行方式，必须保证能够互带、互倒负荷，保证融冰时对用户正常供电。一般双回线路和联络线较易实现方式调整。

（5）除满足电流、电压、容量的要求外，还需对方式融冰这种特殊运行方式进行潮流校核和稳定校核，在满足系统稳定的前提下才能实施方式融冰。

方式融冰在应用时需要注意以下关键点：

（1）通过改变电网的运行方式能够组织到足够大的负荷并转移到目标线路（即需要进行方式融冰的线路）上。

（2）目标线路上的负荷电流必须要与该线路的标准融冰电流值接近。太小，则达不到融冰效果；太大，则可能会烧断导线引发事故。

（3）方式融冰的持续时间要以现场观冰人员观察的实际情况为准。时间太短，则达不到融冰效果；时间太长，则可能会对运行产生不利影响（如加速导线的某些接触点发热的速率，加快线路老化程度等）。

方式融冰能够不停电，依靠科学的调度，系统在正常运行条件下，通过调整电网的运行方式，改变潮流分布，转移负荷至融冰线路所在变电站，增加覆冰线路通过的负荷从而增大负荷电流，增大线路发热量实现线路融冰。在温度−5℃、风速5m/s、覆冰厚度为10mm的环境条件下，根据110kV典型导线型号1h融冰电流确定的融冰所需负荷见表4−1。

表4−1　　　　　　　　1h融冰电流及方式融冰所需负荷表

导 线 型 号	1h融冰电流/A	所需负荷/MVA
LGJ−240	620	123
LGJ−185	520	103
LGJ−150	440	87

4.2　方式融冰在电网的应用情况

以某110kV线路来为例来说明方式融冰在生产实践中的应用。

4.2.1　目的

确保线路覆冰期间可以迅速、准确地对110kV线路进行方式融冰。

4.2.2　甘龙双回方式说明

（1）甘塘变：110kV甘龙Ⅰ回（甘龙Ⅱ回）、剑栋甘线、甘杨线运行Ⅱ母；其余运行110kVⅠ母。

（2）龙山变：正常运行方式。

（3）甘塘变：断开 110kV 母联 110 开关。

（4）剑江变：110kV 剑栋甘线 131 开关开口。

（5）杨柳街变：正常运行方式。

（6）栋青树变：正常运行方式。

（7）平塘变：运行 110kV 石平线，110kV 栋平线 102 开关开口。

（8）融冰方式：甘塘变 110kV Ⅰ母－甘龙Ⅱ回（甘龙Ⅰ回）－龙山变－甘龙Ⅰ回（甘龙Ⅱ回）－甘塘变 110kV Ⅱ母（断开母联 110 开关）。

（9）负荷平衡：甘龙双回线融冰通道带龙山变、栋青树变，龙山变最大有功负荷 40MW，栋青树变最大有功负荷 30MW，杨柳街变最大有功负荷 16MW，合计融冰负荷 86MW。

（10）方式融冰接线示意如图 4－1 所示。

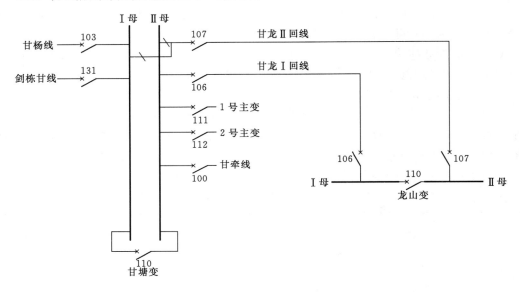

图 4－1　方式融冰接线示意图

4.2.3　运行控制要求

（1）110kV 输电线路情况表见表 4－2。

表 4－2　110kV 输电线路情况

序号	线路名称	电压等级 /kV	导线型号	线路长度 /km	TA 变比	热稳电流 /A	最大输送容量 /MW
1	甘龙Ⅰ回	110	LGJ－240/30	7.75	600/1	515	92
2	甘龙Ⅱ回	110	LGJ－240/30	7.7	600/1	515	92

根据南网研究中心提供的《圆线同心绞架空导线》（GB 1179—2017）规格导线 10mm 覆冰下的融冰电流（1h 融冰），型号为 LGJ－240/30 导线在外部环境为－3℃，风速为 3m/s 时，10mm 覆冰融冰电流为：531.6A。

（2）考虑到线路老化，融冰时电流控制在 423A 内；时间控制在 1h 内（根据现场观察确定）。

（3）融冰负荷量根据电网实际情况进行调整。

（4）融冰中应注意相关变电站负荷量，及时调整无功补偿量。

（5）融冰期间负荷超 80MW（电流超 423A）时，应通知相关县、配调转移部分负荷或对高能耗用户限电。

4.2.4　危害辨识与风险评估概述

（1）110kV 甘龙双回线方式融冰期间，通道内均为单回线运行，若发生故障，则造成通道内变电站失压。

（2）实际融冰电流波动超过 110kV 甘龙双回线热稳电流，将导致甘龙双回线路烧断。

（3）供电负荷无功用量波动对电压影响较大，有可能导致用户无法用电。

（4）融冰期间有可能导致输变电设备发热。

4.2.5　风险控制措施及实施要求

（1）方式融冰前，相关供电局、输电管理所、变电管理所应确认设备无重大及以上缺陷。

（2）当班调度员、现场值班员做好事故预想。

（3）方式融冰期间，相关供电局、输电管理所、变电管理所应加强设备监控。

（4）110kV 甘龙双回融冰通道内任一线路若发生故障，融冰工作立即结束，恢复正常方式。

4.3　方式融冰的特点分析

4.3.1　方式融冰的适应范围

（1）由于方式融冰是在线路正常运行时进行，线路通过的负荷电流不能大于线路的热稳电流。对于 500kV 及以上电压等级输电线路，需要达到的融冰电流较大，通常超过线路的热稳电流，所以该方法不适合用于 500kV 及其以上电压等级输电线路。

（2）对于 35kV 及其以下电压等级输电线路，负荷分散且组织不易，难以通过方式调整解决输电线路的覆冰问题。如果电网的分布方式呈辐射状，则受自身网架及负荷的限制，想通过方式调整来达到融冰的目标基本无法实现。

（3）由以上分析可知，方式融冰能够应用于 220kV 及 110kV 电压等级输电线路。但 220kV 电压等级的输电线路主要构成各省主网架电网，通过方式调整涉及的负荷较多，对电网稳定会产生很大的影响，因此 220kV 电压等级线路不建议采用方式融冰。方式融冰对于 110kV 电压等级的地区电网具有较强的可实施性，只需组织足够的负荷或机组出力即可对目标线路实施融冰。目前 110kV 电压等级的线路多为馈线，由于负荷自然分布的特点，通过潮流调整的手段极为有限，使用方式融冰的局限性较大。虽然在正常运行方式下通过调度转移潮流的手段有限，无法应对大面积的严重冰灾，但由于这种方法对电网的运行影响比较小，且实施比较方便，对于有条件实施方式融冰的线路优先考虑使用该方法对线路进行融冰。

4.3.2 方式融冰的优点

方式融冰操作方便，节省工作时间，不消耗大量的人力、物力，只需要调整电网运行方式即可实现融冰。其优点如下：

（1）方法简单且安全可靠。同其他融冰方法相比，该方法的原理非常简单。导线融冰时通过的电流等于负荷电流，融冰过程甩负荷少，线路电流几乎不会发生突变，对系统没有短路冲击，故不容易发生烧毁设备的事故。

（2）经济性较好。该方法不需增加附属设备，因而线路及其附件成本要低于其他融冰方法所耗费成本。该方法可以降低杆塔防覆冰能力，因此在杆塔建设上不需增加成本，只要电网运行方式能满足互带、互倒，负荷电流达到一定值即可。

（3）不中断对用户供电。由于该方法只需调整电网运行方式，不需中断用户供电和强迫运行设备停运，提高了电网供电可靠性。

也正是方式融冰技术的以上特点，因此在所有的融冰技术中，方式融冰技术是最优先选择的实用技术。

4.3.3 方式融冰的缺点

（1）在正常运行方式下通过调度转移潮流的程度有限，无法应对大面积的严重冰灾。

（2）对于整个融冰回路，主干线首端因负荷电流较大，效果较好，随着线路延伸，效果减弱，而末端基本没有效果。同时，受线路线径影响，主干线首端承受的电流大于末端的电流，必须考虑线路承受能力，往往会出现需要融冰的线路线径不一定达到要求的问题。

（3）通过调度转移潮流存在安全隐患，对无功功率的依赖较大，可能对系统产生影响，操作人员难以把握。但随着 FACTS 设备在电力系统的应用，潮流控制将更加灵活有效，方式融冰的实施将具有更加有利的条件。

（4）倒闸操作多，由于运行方式改变，需要调整各变电站的供电电源，因此倒闸操作较多，时间也长。特殊运行方式下可能引起继电保护失配或难以进行整定计算。

第 5 章　并联电容器融冰技术

并联电容器融冰技术是针对 2008 年南方大面积冰冻雨雪灾害而提出的一种可行的融冰方法。

5.1　并联电容器融冰技术原理

文献 ［6］提出了并联电容融冰技术。在远距离输电中为了减少电能在线路上的损耗，都采用高压输电。电流通过导线时，电流的热效应会使一部分电能变为热能损耗掉，在三相三线制输电线路上损耗的电功率为

$$P_{耗}=3I_l^2 R \tag{5-1}$$

式中　I_l^2——输电线路中的电流，即线电流，A；

R——输电线路每相的电阻（假设三相是完全对称的），Ω。

若输电的为 P，输电线路的线电压为 U_1，每一相的功率因素为 $\cos\varphi$，则输电线路中流过的电流可表示为

$$I_l=\frac{P}{\sqrt{3}U_l\cos\varphi} \tag{5-2}$$

假设输电距离为 Lkm，所选用输电线的电阻率为 ρ，其截面积为 S，则 $R=\rho\dfrac{L}{S}$。于是，线路损耗的电功率为

$$P_{耗}=3\left(\frac{P}{\sqrt{3}U_l\cos\varphi}\right)^2\rho\frac{L}{S}=c\frac{1}{U_l^2 S} \tag{5-3}$$

其中

$$c=\frac{\rho P^2 L}{\cos^2\varphi}$$

在输电功率、输电距离、输电导线材料及负载功率因数都一定的条件下，c 为一常数。由式（5-3）可以看出，输电导线截面积 S 一定时，输电电压 U_l 越高，损耗的电功率 $P_{耗}$ 就越小；如果允许损耗的电功率 $P_{耗}$ 一定（一般不得超过输送功率的 10%），电压越高，输电导线的截面积就越小，这就可以大大节省输电导线所用的材料。即从减少输电线路上的电功率损耗和节省输电导线材料两个方面来看，远距离输送电能要采用高电压或超高电压。但是，在严寒的季节，水汽会在不发热的（温度低于 0℃）输电导线上凝结，使电网线路覆冰，这就是高电压小电流输电在冰冻季节时的缺点。在冰冻灾害时，可以根据 $P_{耗}=3I_l^2 R$ 人为地增加导线上的电流强度 I_l 来提高 $P_{耗}$，使导线发热融冰，但这将会增加电网的负荷消耗电能。

交流电网上的电流是周期性变化的，如果在电网的末端加上电容（变电所的降压变压

器输入端加电容），周期性变化的电流通过对电容的充电放电形成的电容电流，这个电流
在电容器本身无能量消耗，但会使输电导线上的电流增大，也使导线本身的电阻发热增
加，使输电导线的最低温度高于 0℃时就不会产生覆冰，可以达到电流除冰的目的，其原
理接线图如图 5-1 所示。

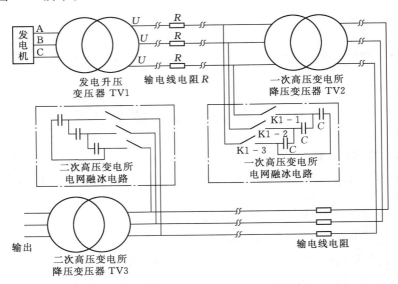

图 5-1　并联电容器融冰原理接线图

另外，电力系统的输电电压由输电电容量和输电距离来确定，见表 5-1。从我国现
在的电力系统情况来看，送电距离在 200～300km 时采用 220kV 的电压输电；在 100km
左右时采用 110kV；在 50km 左右时采用 35kV；在 15～20km 时采用 10kV（或 24kV），
或采用 6.6kV。

表 5-1　　　　　　　　　　　各电压等级输送容量和距离

电压等级/kV	输送容量/MVA	输送距离/km	电压等级/kV	输送容量/MVA	输送距离/km
6	0.1～0.2	4～15	220	100.0～500.0	100～300
10	0.2～2.0	6～20	330	200.0～800.0	200～600
35	2.0～10.0	20～50	550	1000.0～1500.0	250～800
110	10.0～50.0	50～100			

例如在一个 220kV、输送距离为 200km、输送容量为 300MVA 的输电线路上，电流
输入端电压 $U_i = 2.2 \times 10^5 (1+5\%) = 2.31 \times 10^5 (\mathrm{V}) = 231(\mathrm{kV})$（输电线路首端电压比末
端电压高 5%），每条导线的长度 $L = 2 \times 10^5 \mathrm{m}$，输送的功率是 $P = 3 \times 10^5 \mathrm{VA}$。要使输电
导线每米增加发热量 $N = 10\mathrm{VA/m}$（每米导线发热功率为 10W），则三条输电导线上消耗
的功率 $P_{耗} = 3NL = 3 \times 10 \times 2 \times 10^5 (\mathrm{VA}) = 6(\mathrm{MVA})$。

如果选用型号为 LGJQ-300/15 的铝导线，$S = 300\mathrm{mm}^2$，20℃时 $\dfrac{\rho}{s} = 0.09724\Omega/\mathrm{km}$，

$\alpha = 0.036$。即每千米输电线在 0℃时的电阻 $\gamma_0 = \dfrac{\rho}{s}[1 + \alpha(t-20)] = 0.09724[1 + 0.0036(0 - 20)] = 0.09024\Omega/\text{km}$，所以每一条 200km 输电导线的电阻 $R = \gamma_0 \times 0.09024 \times 200 = 18.048(\Omega)$。

5.2　并联电容器融冰技术的应用情况

并联电容器融冰技术的使用方法如下：

（1）三角形接法。电容融冰电路采用三角形接法并在三相线路里，不考虑降压变压器回路，如图 5 - 2 所示。

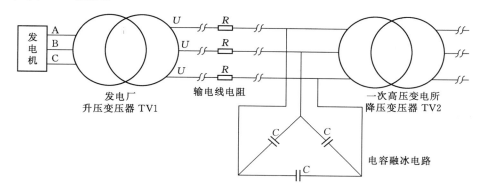

图 5 - 2　电容融冰电路三角形接线图

在图 5 - 2 所示的三角形电路中，线电压与相电压相等，即

$$U_l = U_\varphi$$

线电流是相电流的 $\sqrt{3}$ 倍，即

$$I_l = \sqrt{3}I_\varphi = \sqrt{3}\frac{U_l}{\dfrac{1}{\omega C}} = \sqrt{3}\omega C U_l \qquad (5-4)$$

由 $P_{\text{耗}} = 3I_l^2 R$，得

$$I_l = \frac{\sqrt{P_{\text{耗}}}}{\sqrt{3R}} \qquad (5-5)$$

可得

$$\sqrt{3}\omega C U_l = \frac{\sqrt{P_{\text{耗}}}}{\sqrt{3R}} \qquad (5-6)$$

求解以 C（并联电容的电容值）为未知数的方程得

$$C = \frac{\sqrt{P_{\text{耗}}}}{3\sqrt{R}\omega U_l} = \frac{\sqrt{6\times10^6}}{3\sqrt{18.048}\times2\pi\times50\times2.2\times10^5} = 2.78(\mu\text{F})$$

因此融冰时只要接通 3 个 2.78μF 的电容组成的三角形电路即可。

（2）星形接法。电容融冰电路采用星形接法并在三相线路中，不考虑降压变压器回路，如图 5 - 3 所示。

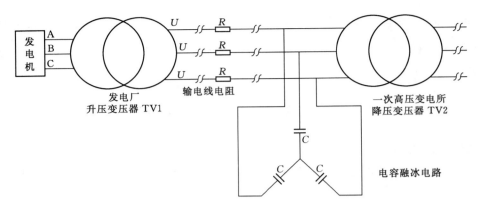

图 5 - 3　电容融冰电路星形接线图

在图 5 - 3 所示的星形电路中，线电流与相电流相等，即

$$I_l = I_\varphi = \frac{U_\varphi}{\frac{1}{\omega C}} = \omega C U_\varphi$$

求解得

$$U_\varphi = \frac{I_l}{\omega C}, U_l = \sqrt{3} U_\varphi = \sqrt{3} \frac{I_l}{\omega C}, I_l = \sqrt{\frac{P_{耗}}{3R}} \qquad (5-7)$$

所以有

$$\sqrt{\frac{P_{耗}}{3R}} = \frac{U_l \omega C}{\sqrt{3}}$$

可求得

$$C = \frac{\sqrt{P_{耗}}}{\sqrt{R} \omega U} = \frac{\sqrt{6 \times 10^6}}{2.2 \times 10^5 \times 2\pi \times 50} \sqrt{18.048} = 8.34 (\mu F)$$

因此融冰时只要接通 3 个 8.34μF 的电容组成的星形电路即可。

需要说明的是，无论是在三角形电路中还是在星形电路中，所选用的并联电容器组都可为 TBB 型或其他符合要求的形式，其耐压水平和容量可以用电网并联电容器的相互串联来达到要求。

5.3　并联电容器融冰技术优缺点分析与展望

5.3.1　技术优缺点分析

1. 优点

在融冰的过程中可以不停电，切换时也不停电，状态切换控制比较容易。

2. 缺点

电容器接入网络后，主动改变了网络的功率因数，同时电网系统电流保护装置要有一个新的融冰状态电流设置值，融冰时电网的供电电压会有变化，必要时不会减轻（损失）

负荷。

5.3.2 技术展望

有条件时可在电网中进行实际操作，以期验证该方法的正确性、可行性。但该方法需要高压电容器以及相应的高压断路器、保护系统配套使用，投资巨大，因而其推广的范围可能会受到一定的影响。

第6章 可变电压交流融冰技术

架空输电线路上的覆冰严重威胁电网的安全，需要对输电线路进行融冰处理，目前采用的通常有方式融冰、直流融冰、交流短路融冰等方法。交流短路融冰时，所用电源的电压必须与覆冰线路的长度等参数相适应，若电压过高，则线路中的电流将过大，线路及相关设备无法承受；若电压过低，则线路中的电流将随之减小，会延长融冰时间，甚至不能融除覆冰。同时，不同线路的具体参数常有极大差异，而通常的发电机、变压器等电源，其输出电压在一确定的范围内，不易满足不同线路的要求，为解决此问题，传统方法是将若干线路串接而构成融冰走廊，以使其参数能够适合于电源的电压。此方法存在的问题是，融冰走廊的相关线路须停电，其范围较广，调度、协调和实施较为复杂，所需时间也较长。同时，其中常有若干无覆冰的线路，从而使融冰的作业及能耗的有效性颇低。特殊情况下可能没有构成融冰走廊的条件，从而难以应对线路覆冰的威胁。在不具备融冰走廊构成要件的场合，已知的方法是按输出电压和容量的某种级差而制备若干数量的车载电源装置，并按覆冰线路的具体参数选择适合的装置加以使用。此方法存在的问题是，对于所制备的装置，单台使用时，其适用的线路较少，必须有若干台方能满足各种不同线路的要求；而多台使用时的购置成本将增大。且若其容量和输出电压之间的级差大、则适用性差，但所需的数量可较少；反之则适用性好，但所需的数量将更多。

在以上所述的两种情况下，由于交流电源在投切时必须与线路连接，使得投切时的电流及其冲击较大。加之投切开关均为真空断路器，较大的冲击常会引发严重的操作过电压，这将对电源构成巨大威胁。并且须事先收集、计算相关线路的诸多参数，从而确定融冰所用的电流和电压的范围。因而应用不方便，并存在因数据错误而导致电流出现较大偏差的可能。

一种已知的用于交流短路融冰的电源是燃油发电机组，其容量和电压的调整范围均不大，融冰的能力和适用的线路有限；单位容量下的重量较大，不利于车载运输；综合成本较高。

另一种已知的用于交流短路融冰的电源是双绕组变压器，其单台输出电压的调整范围和适用的线路有限，必须制备不同容量和电压的多台装置，才能满足各不同的线路的要求，这将造成成本过高。

针对以上问题，贵州电网电力科学研究院研发了一种可变电压的交流融冰装置并获得专利——"一种融冰变压器"。应用该装置对线路进行短路融冰，必须具备如下条件：短路融冰需将覆冰线路退出运行，再将线路末端短路实施融冰，只有覆冰线路所处的运行环境满足短路融冰的实现条件才能采用短路融冰；应有可行的电气路径；系统提供的电流应满足融冰所需电流的要求；融冰电压应超过变压器、发电机输出端的额定电压；线路融冰所需容量应在系统电源可以承受的范围内，防止融冰电源处的主变穿越功率过载；系统应能为线路提供足够的无功功率以维持电压稳定。在满足短路融冰实现条件的情况下，电源点尽量选择在主变容量较大、低压侧有无功电容器、附近有较多无功电源、负荷比较容易转移的地方，并尽量选择配置有旁路母线的变电站。

6.1　可变电压交流融冰技术原理与实施方式

"一种融冰变压器"包括自耦绕组和铁芯，自耦绕组上有 2 个以上线圈分接抽头，有载开关的动触头与其中一个线圈分接抽头接触，有载开关的动触头与输出端子导线连接，自耦绕组的输入端子接输入电压。

采用自耦绕组结构，使得其输出电压易于满足对调压范围的要求，且其体积、重量和成本得以显著降低，车载运输较为方便；采用有载调压方式，能够在较低的电压下进行投切，从而能够有效地降低投切时的电流和相应的操作过电压，且运行中能够对其输出电压进行调整，能够方便地调整其输出电流。因此，装置具备优良的可靠性，使用方便，对于在既定范围内的各种不同线路，所提供的融冰变压器能够充分地满足其融冰作业方面的要求，解决了常规融冰变压器输出电压不能满足既定范围内的各种不同输电线路的要求。但其体积、重量和成本高，不方便车载运输，且电压和电流不能分别满足投切和运行时的不同要求。

"一种融冰变压器"包括自耦绕组和铁芯，铁芯放置在自耦绕组中，自耦绕组上有 2 个以上的线圈分接抽头，有载开关的动触头与其中一个线圈分接抽头接触，有载开关的动触头与输出端子导线连接，自耦绕组的输入端子接输入电压。

图 6-1 是三相交流融冰变压器电气原理图。

其中输入端子为 A、B 和 C 端子，输出端子为 a、b 和 c 端子，自耦绕组的

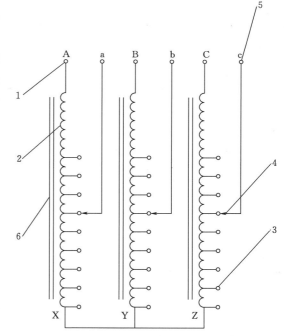

图 6-1　三相交流融冰变压器电气原理图
1—输入端子；2—自耦绕组；3—分接抽头；
4—有载开关的动触头；5—输出端子；
6—铁芯

末端 X、Y 和 Z 短接在一起。其工作原理为：视为恒定的输入电压经由输入端子加于总匝数不变的自耦绕组之上；由此，铁芯中的主磁通将不随输出端子的电压调整而改变。自耦绕组各以当前的分接抽头为界而分为两个部分，该两部分绕组中电流方向相反，合并后经输出端子输出。自耦绕组各相均设有相同的 8 个分接段，各分接段的电压级差按要求的数

据设定，并由各分接段的首、尾处逐一引出分接抽头，有载开关的动触头与任一分接抽头接触时，输出端子即取得相应分接抽头的引出电压；从而通过有载开关的动触头位置的改变，便能够实现输出电压的调整，并以此可调电压将电能输出至负载。

6.2　交流融冰变压器在现场的应用情况

"一种融冰变压器"的融冰对象主要为 10～35kV 线路，作为固定式直流融冰装置和移动式直流融冰装置的一种有效的补充。

目前，该 10kV 交流融冰变压器已经在贵州电网多家供电局得到应用，经过数年的使用，取得了良好的效果。

6.2.1　概述

（1）线路概况及参数见表 6-1。

表 6-1　　　　　　　　　　　线 路 概 况 及 参 数

线路名称	起止杆段	杆段长度/km	导线型号	设计冰厚/mm	地线绝缘方式
10kV 丹茶线	1～126	10.1160	LGJ-70	10	无地线

110kV 丹寨变电气一次接线如图 6-2 所示，110kV 丹寨变融冰装置一次接线如图 6-3 所示。

（2）融冰方式：交流短路融冰。

（3）观冰点：77 号杆（塔）处。

（4）接线点：搭接点为 110kV 丹寨变 10kV 丹茶线出线 1 号杆处；短接点为 110kV 丹寨变 10kV 丹茶线 126 号杆处。

（5）相关人员及联系方式见表 6-2。

表 6-2　　　　　　　　　　　相 关 人 员 及 联 系 方 式

序号	联系人姓名	所属单位及职务（角色）	联系方式	
			固话	手机

（6）适用范围：本现场处置方案适用于调度、输电、变电等部门现场开展输电线路融冰工作。

6.2.2　融冰启动条件

（1）在线路覆冰达到以下条件之一时，丹寨供电局输电管理所向丹寨供电局防冰办公室报告线路覆冰比值情况：

1）线路覆冰比值达 0.5。

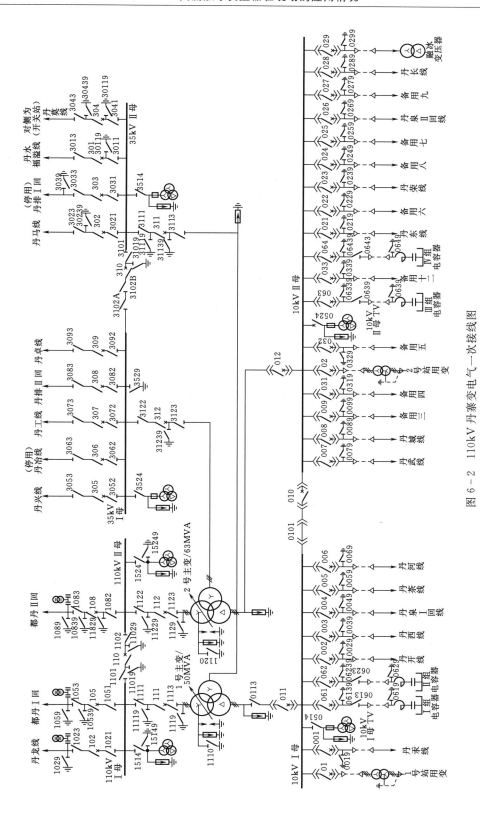

图 6-2 110kV 丹寨变电气一次接线图

95

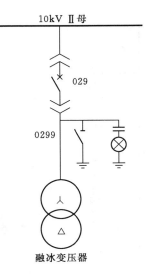

开关 位置	高压侧		低压侧	
	电压/kV	电流/A	电压/kV	电流/A
1 挡			5	
2 挡			4	
3 挡	10	288.7	3	577.4
4 挡			2	
5 挡			1	

图 6 - 3　110kV 丹寨变融冰装置一次接线图

2）24h 内覆冰厚度增速达到 7mm，覆冰比值超过 0.4，且预计短期天气持续符合覆冰条件，覆冰将可能进一步快速增长。

3）其他认为有必要融冰的情况。

（2）经丹寨供电局防冰办公室讨论确定需要进行融冰，由丹寨供电局输电管理所向调度部门申请 10kV 丹茶线路融冰，同时向融冰操作工作组负责人汇报。

6.2.3　融冰准备工作

（1）风险评估、预控及应急措施见表 6 - 3。

表 6 - 3　　　　　　　　　　　　风险分析、预控及应急措施

序号	风险点分析	控　制　措　施	应急措施
1	误入带电间隔	工作前检查安全措施，工作中严格执行工作监护制度	停电、急救
2	误解锁	严格执行五防解锁制度	
3	冰冻湿滑的路面	穿防滑鞋	急救
4	带电的线路	登杆前仔细核对编号并验电，装设接地线	停电、急救
5	湿滑的电杆	使用防滑脚扣，正确使用安全带	急救
6	冰冻湿滑的构架	穿防滑鞋，正确使用安全带	急救
7	不牢固的连接	可靠连接，对连接点进行温度监控	急救
8	无票工作	工作中严格执行两票管理制度	
9	融冰间隔的电流互感器可能因融冰电流超过其额定值而损坏	不能超过电流互感器 1.2 倍额定电流 1h	准备应急物资、抢修
10	线路薄弱环节可能因发热而烧断，造成线路接地	通知相关调度、市场部，通知重要用户做好区域电网保电方案	准备应急物资、抢修

续表

序号	风 险 点 分 析	控 制 措 施	应急措施
11	融冰过程中，融冰线路可能发生故障	按照要求修改保护定值，并确保保护可靠投入；监视融冰过程中的三相电流、电压变化情况，发现异常情况时立即切断融冰电源	准备应急物资、抢修
12	在进行融冰工作的过程中可能发生交通事故	出行的车辆安装防滑链，严格控制车速（不宜超过 40km/h）	急救
13	因天气太冷，可能造成工作人员冻伤	穿防寒服、戴防寒安全帽，确保个人防护用品完善并正确使用	急救
14	夜间因照明度不够，可能造成工作人员发生意外	配备足够的照明设备	急救

（2）系统风险评估。调度机构对线路融冰申请进行安全校核及风险评估，在确保运行系统安全的前提下及时批复融冰申请（调度机构所有线路融冰申请均由方式专业受理，方式专业人员无法在场时由值班调度员按事故抢修受理）。

（3）线路运维部门负责的准备工作。丹寨供电局输电管理所派出观冰人员到指定观冰地点做好观冰准备，做好线路短接准备工作。融冰观测人员携带红外线热像仪、望远镜、记录资料、防寒衣物等到达 77 号杆（塔）处进行实地观测。

（4）变电部门负责如下准备工作：

1）丹寨供电局龙泉供电所做好在 10kV 丹茶线线路末端的短接准备工作。

2）检查确认融冰变压器处于正常状态。

3）检查确认融冰回路无故障。

4）检查融冰装置的连接电缆完好齐备。

6.2.4 融冰实施步骤

（1）融冰线路停运。

1）由丹寨供电局输电管理所向调度部门申请 10kV 丹茶线开展融冰工作。

2）根据调度指令，将 10kV 丹茶线操作至线检修状态。

3）融冰线路停运后，根据调令将 10kV 丹茶线转为融冰方式接线所需状态；通知110kV 丹寨变（线路首端）、线路对端开展融冰方式接线工作。

（2）融冰方式接线。

1）根据调度指令，将 110kV 丹寨变（线路首端）融冰母线（电源）与融冰线路连接。

2）根据调度指令，在线路对端安装短接线，连接方式如图 6-4 所示。

3）各工作组工作结束后，汇报调度部门工作已经结束，临时安措已经撤除，人员已经撤离。

（3）进行融冰。

1）调度部门核实线路融冰方式接线工作已结束，各工作组临时安措已撤除，人员已撤离；将操作线路转为带电融冰所需状态，通知融冰操作工作组，线路具备融冰条件。

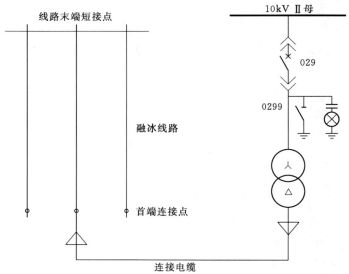

图 6-4 10kV 丹茶线融冰回路接线图

（注：融冰线路：10kV 丹茶线。首端连接点：丹寨变 10kV 丹茶线出线

1 号杆处，末端短接点：110kV 丹寨变 10kV 丹茶线 126 号杆处。）

2）融冰操作负责人确认站内设备具备带电融冰条件，各观测点人员已到位，通知融冰即将开始。

3）变电人员操作融冰装置上电，设置融冰电流，见表 6-4，启动融冰；融冰操作工作组负责人向丹寨供电局输电管理所观冰人员通报融冰开始。

表 6-4 融冰电流 （1h 融冰）

线路名称	融 冰 电 流/A						临界电流/A			最大允许电流/A	
	−8℃ 8m/s 10mm 覆冰	−5℃ 5m/s 10mm 覆冰	−3℃ 3m/s 10mm 覆冰	−8℃ 8m/s 15mm 覆冰	−5℃ 5m/s 15mm 覆冰	−3℃ 3m/s 15mm 覆冰	−8℃， 8m/s	−5℃， 5m/s	−3℃， 3m/s	−5℃， 5m/s	−3℃， 3m/s
10kV 丹茶线 (LGJ-70)	314.50	257.80	217.40	332.10	283.20	248.40	233.00	195.00	164.80	511.40	422.40

注 融冰变压器挡位预调至 4 挡，该挡位下能够得到的融冰电流约为 196.39A（3 挡下的电流约为 294A，但存在一定的断线风险）。

4）丹寨供电局输电管理所观冰人员在 77 号杆（塔）处开展观测工作，及时向融冰操作负责人汇报线路异常情况。融冰操作负责人应组织研究异常情况，确定处置措施并组织落实。

5）融冰操作负责人收到丹寨供电局输电管理所观冰人员汇报线路覆冰已完全融化脱落信息后，通知装置操作人员闭锁融冰装置。

6）涉及地线（含 OPGW）的线路融冰，现场关键点要具备测温条件；融冰过程要控制好融冰电流和温度，按要求记录不同时刻的融冰电流、对应温度和光衰减值；出现异常应立即中止融冰，确保光缆不受损坏。

（4）恢复正常接线。融冰操作负责人汇报调度融冰工作结束，可恢复正常接线。

1）操作人员闭锁融冰装置。

2）操作人员将融冰装置转为检修状态。

3）融冰操作负责人汇报调度部门融冰工作结束。

4）根据调令，将融冰线路转为拆除融冰方式接线所需状态。

5）根据调令，解除融冰母线与融冰线路首端之间的连接。

6）根据调令，解除融冰线路末端的三相短路连接。

7）各工作组分别汇报调度部门，工作已结束，临时安全措施已撤除，人员已撤离。

（5）融冰线路复电。值班调度员与丹寨供电局龙泉供电所丹寨供电局输电管理所等核实所有工作已全部完工，临时安全措施已全部拆除，人员已全部撤离，确认线路具备复电条件后，下令操作线路正常复电。涉及地线（含 OPGW）的线路融冰，融冰结束后，必须经测试确认所有纤芯正常，才能复电。如线路暂不具备复电条件，则保持停运状态。

6.3 交流融冰变压器使用时的注意事项和不足之处

6.3.1 使用交流融冰变压器时的注意事项

首先，要收集融冰线路的参数（导线型号、长度），查表得出线路的标准融冰电流；其次，根据参数计算出在标准融冰电流附近能够融冰的线路长度，确认交流融冰变压器的融冰能力是否足够等；最后，终确定选择交流融冰变压器的具体挡位。

采用 Excel 可以方便准确地对上述要求进行计算：在 Excel 电子表格中填入相关数据，并做好公式，计算时只需要输入线路长度和型号即可。计算示例如图 6-5 所示。

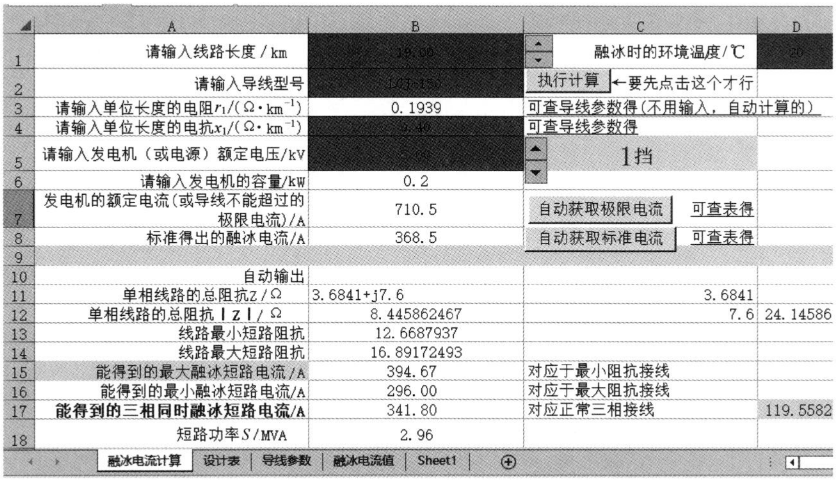

	A	B	C	D
1	请输入线路长度 /km	10.00	融冰时的环境温度 /℃	20
2	请输入导线型号	LGJ-150	执行计算 ←要先点击这个才行	
3	请输入单位长度的电阻 r_1/($\Omega \cdot km^{-1}$)	0.1939	可查导线参数得（不用输入，自动计算的）	
4	请输入单位长度的电抗 x_1/($\Omega \cdot km^{-1}$)	0.40	可查导线参数得	
5	请输入发电机（或电源）额定电压 /kV	5.00	1挡	
6	请输入发电机的容量 /kW	0.2		
7	发电机的额定电流（或导线不能超过的极限电流）/A	710.5	自动获取极限电流 可查表得	
8	标准得出的融冰电流 /A	368.5	自动获取标准电流 可查表得	
9				
10	自动输出			
11	单相线路的总阻抗 Z /Ω	3.6841+j7.6	3.6841	
12	单相线路的总阻抗 l z l /Ω	8.445862467	7.6	24.14586
13	线路最小短路阻抗	12.6687937		
14	线路最大短路阻抗	16.89172493		
15	能得到的最大融冰短路电流 /A	394.67	对应于最小阻抗接线	
16	能得到的最小融冰短路电流 /A	296.00	对应于最大阻抗接线	
17	能得到的三相同时融冰短路电流 /A	341.80	对应正常三相接线	119.5582
18	短路功率 S /MVA	2.96		

融冰电流计算 设计表 导线参数 融冰电流值 Sheet1 ⊕

图 6-5 交流融冰变压器融冰电流计算示例图

由图 6-5 可见，如果要对一条 LGJ-150 型号的线路进行交流变压器融冰操作，只需要输入线路长度、选择相应的导线型号，即可计算出它的融冰电流为 341.8A（尽可能接近标准融冰电流 368.5A），如果计算得出的融冰电流偏差较大，则可以通过改变变压器的挡位（1～5kV 之间整数）来调节。

6.3.2　不足之处

10kV 交流融冰变压器在工程中的应用填补了固定式直流融冰装置和车载式直流融冰装置在工程应用的空白点，大大提升了电网的防冰能力。

但是，在现场的应用过程中也发现了一些不足之处，包括电流调节能力不高，导致融冰线路短接点较近，因而融冰效率不高；输出电压较低（只有 5kV），导致不能充分利用融冰电源的能量。因此，可在此基础之上提出"多级电压调节技术"和"多级阻抗调节技术"，在技术上解决了交流融冰变压器存在的不足。

第7章　固定电压交流融冰技术

固定式直流融冰装置、车载式直流融冰装置和交流融冰变压器等融冰装置只会在一些重要、关键的地方使用，而其他非关键的地方则采用固定电压交流融冰技术进行融冰。

固定电压交流融冰技术就是利用电网中已经有电压（如10kV、35kV等）对符合一定条件的线路进行三相短路融冰。即把短路故障经过计算后，利用合理、受控的能量进行融冰。

7.1　固定电压交流融冰技术的应用情况

以1条110kV线路，用变电站内主变10kV侧电源作为融冰电源进行"固定电压交流融冰技术"的应用示例。

（1）线路名称：110kV旧定Ⅱ回线、110kV旧沿Ⅰ回线。

（2）线路参数见表7-1。

表7-1　　　　　　　　　　　线　路　参　数

线　路　名　称	导线型号	导线长度/km	融冰电流/A	保线电流/A	热稳电流/A
110kV旧定Ⅱ回线	LGJ-185	17.92	432.6	323.7	515
110kV旧定Ⅱ回线	LGJ-150	6.13	376.3	282.7	445
110kV旧沿Ⅰ回线	LGJ-185	7.48	432.6	323.7	515

（3）短路计算结果见表7-2。

表7-2　　　　　　　　短　路　计　算　结　果

运　行　方　式	最　大　方　式	最　小　方　式	无穷大系统
短路电流/A	403	387	420

（4）融冰方案注意事项如下：

1）110kV旧沿黄线带沿山变运行，沿山变2号主变带10kV负荷，1号主变带35kV负荷。

2）沿山变旧沿Ⅰ回105线路保护退出，沿山变1号主变差动保护退出，1号主变10kV过流保护跳分段010保护退出，1号主变111、011开关设置临时定值。

3）旧治变旧定Ⅱ回107、旧沿Ⅰ回105所有二次电流回路短接。

4）旧治变旧定Ⅱ回107、旧沿Ⅰ回105运行110kVⅠ母，其余运行110kVⅡ母。

5）旧治变母联110冷备用。

6）拉开旧治变 110kVⅠ母 TV1514 隔离开关。

7）短路融冰期间短路电流不能超过 445A，若超过立即断开沿山变 1 号主变低压侧 011 断路器。

8）融冰结束恢复正常定值。

9）在沿山变 1 号主变低压侧与 0113 隔离开关处开断，在 1 号主变 0113 隔离开关处用临时连接线搭接于沿山变旧沿Ⅰ回 105 间隔 TA 与 1053 隔离开关连接线，断开沿山变旧沿Ⅰ回 105 断路器，拉开旧沿Ⅰ回 1051 隔离开关，在旧定Ⅱ回线路终端三相短接，具体如图 7-1 所示。

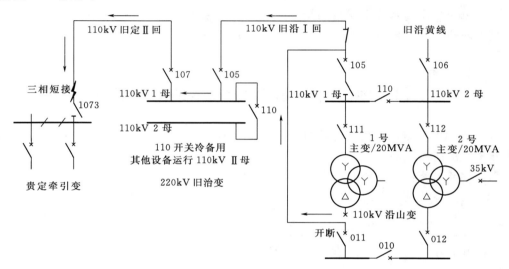

图 7-1　方式融冰回路示意图

（5）临时定值。

1）沿山变 1 号主变高压侧复压闭锁过流由 3.6A，2.0s（跳三侧）临时改为 3.6A、0.3s（跳三侧），取消复压闭锁功能，此时 1 号主变高压侧过流保护与中压侧出线保护定值失配。

2）沿山变 1 号主变低压侧复压闭锁过流由 5.0A，1.5s（跳 011）临时改为 1.8A、0.3s（跳 011）。

7.2　固定电压交流融冰使用时的注意事项和不足之处

7.2.1　使用时的注意事项

在应用示例中选择了 2 条 110kV 线路串联，形成 1 条融冰回路。选择 2 条线路串联是因为经过计算，LGJ-185 的线路太短，如果直接加上 10kV 电源，其电流将大大超过线路容许的最大热稳定电流，将烧毁线路。串联其他适当的线路，增大融冰回路的阻抗，将短路电流限定在一定允许的安全范围内，这是固定电压交流融冰技术的关键。

若融冰电源的能量一定，就只能改变线路参数适应电源。只有融冰电源与融冰线路之间达到一种受控状态下的平衡时，才会达到安全和理想的效果。

7.2.2 不足之处

固定电压交流融冰技术是对固定式直流融冰技术、移动式直流融冰技术和可变电压交流融冰技术的一种有效补充，在不得已的时候应用，可确保部分较重要的线路不受到覆冰永久性的损害。

但是，在使用中发现采用固定电压交流融冰技术时，工作效率较低。检修人员用高压电缆将 10kV 融冰电源引接至融冰线路首端，融冰结束后还需要拆除已经连接的高压电缆；在融冰线路的末端，由于融冰电源无法调整，所以末端短接点也许会在某个变电站内，也许会在大山深处，短接工作也十分艰难。以应用示例为例，整个融冰过程共花费了约 10h，工作效率低，检修人员的作业安全风险较高。

第8章 架空地线融冰技术

电网中的架空地线由于不通过负荷电流，在覆冰期间会产生比导线更加严重的覆冰而发生断线或导线对地线放电的故障，可能造成巨大的经济损失和严重的社会影响。

随着架空输电线路融冰技术的日渐成熟，地线覆冰成为冰灾后恢复跳闸线路问题的瓶颈。架空地线覆冰对输电线路造成的危害主要分为两类：①架空地线在冰荷载的作用下出现断股、断线，折断的地线可能悬空或直接搭在输电线路上，易造成输电线路对地线放电或直接短路故障，使输电线路无法正常输电，架空地线的断线也会造成输电线路力学体系失衡，为杆塔倾斜甚至倒塌埋下隐患；②架空地线在冰荷载的重力作用下弧垂过大，加上覆冰导线特殊的空气动力特性，容易导致导地线发生舞动，因而增加了导地线之间放电的风险，当导线实施融冰之后，导线因冰荷载的释放而恢复正常弧垂，而地线由于无法实施除冰，其与导线之间的距离可能会小于安全距离，这将会导致导地线之间的放电甚至直接放电。

用于架空地线直流融冰的直流融冰装置，其设计的电压容量是有限的，将其用于较长线路的架空地线融冰时，由于架空地线直流电阻通常是输电线路的几倍，甚至十几倍，直流融冰装置额定电压在不能升高时，架空地线越长，其电阻越大，形成的电流就越小，不能有效融冰。

在这种背景下，用现有的直流融冰装置对架空地线进行融冰操作，就成了不二的选择。

8.1 架空地线融冰技术原理和实施方式

要想对架空地线进行融冰操作，整个融冰系统必须满足以下条件：

（1）对架空地线全线进行绝缘化改造，让各杆塔分段绝缘，对于需要接地的地点，用隔离开关连接或断开架空地线与地的连接。

（2）利用导线作为融冰回路中的一部分，将架空地线与导线串联融冰。

（3）架空地线可以是单根，也可以是两根。当架空地线为两根时，这两根架空地线既可串联，也可并联。具体的连接方式要根据融冰电源的容量和融冰能力综合计算确定。

基于上述要求，贵州电网电力科学研究院提出了"一种架空地线直流融冰接线电路结构"和"一种架空地线直流融冰接线结构"，成功地解决了地线融冰的问题。

8.1.1 技术原理

架空地线直流融冰接线电路结构解决了直流融冰装置在用于架空地线融冰时由于直流

融冰装置额定电压不够而导致的不能有效对架空地线进行融冰的问题。其技术原理如下：

"一种架空地线直流融冰接线电路结构"包括直流融冰装置、第一相线、第二相线和架空地线，第一相线和第二相线末端开路，首端分别接到直流融冰装置的直流输出端，架空地线每一段的首末端分别与第一相线和第二相线连接，如图8-1所示。

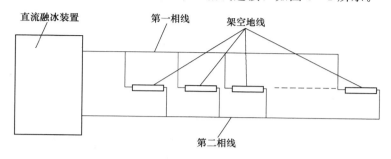

图8-1　地线融冰电路结构原理图

第一相线和第二相线为三相交流电源线中的任意两相线。架空地线分为二段以上均匀的独立段。其特点是根据直流融冰装置的电压等级将架空地线均分为独立的几段，每一段首末端分别与第一相线和第二相线连接，各段形成并联电路，解决了直流融冰装置额定电压瓶颈，且仅需一次升流就能完成架空地线的融冰处理，使得冬季覆冰期间输电线路导线和地线均能融冰，保障了线路的安全运行，解决了直流融冰装置在用于架空地线融冰时由于直流融冰装置额定电压不够而导致的不能有效对架空地线进行融冰的问题。

8.1.2　实施方式

架空地线直流融冰接线电路结构包括直流融冰装置、第一相导线、第二相导线和架空地线，第一相导线和第二相导线末端开路，首端分别接到直流融冰装置的直流输出端，架空地线按照直流融冰装置的电压容量被均分为几等份，将架空地线每一段的首末端分别与第一相导线和第二相导线连接，第一相导线和第二相导线在三相输送导线中任意选取，接线完成后，通电并升流。直流融冰装置对各段架空地线进行融冰处理。

8.2　架空地线融冰在工程中的应用情况

以某110kV线路的架空地线融冰现场处置方案来说明该技术在工程实际中的应用。

8.2.1　目的

确保线路覆冰期间可以迅速、准确地对110kV福牛线路进行直流融冰。

8.2.2　依据

（1）《输变电设备防冰管理办法》。

（2）《直流融冰装置操作手册》。

（3）《贵州电网融冰技术规程》。

8.2.3 风险分析及控制措施

风险分析及控制措施见表 8-1。

表 8-1 风险分析及控制措施

序号	风 险 分 析	控 制 措 施
1	误入带电间隔	工作前检查安全措施，工作中严格执行工作监护制度
2	误解锁	严格执行五防解锁制度
3	冰冻湿滑的路面	穿防滑鞋
4	带电的线路	登杆前仔细核对编号并验电、装设接地线
5	湿滑的电杆	使用防滑脚扣，正确使用安全带
6	冰冻湿滑的构架	穿防滑鞋，正确使用安全带
7	不牢固的连接	可靠连接，对连接点进行温度监控
8	无票工作	在工作中严格执行两票管理制度
9	融冰间隔的电流互感器可能因融冰电流超过其额定值而损坏	不能超过电流互感器 1.2 倍额定电流 1h
10	线路薄弱环节可能因发热而烧断，造成线路接地	(1) 都匀地调通知相关调度、市场部通知重要用户做好区域电网保电方案。 (2) 由线路运行部门在重要铁路、公路及居民区设专人监护
11	融冰过程中，融冰线路可能发生故障	(1) 变电二次工作组按照要求修改保护定值，并确保保护可靠投入。 (2) 变电操作组安排专人监视融冰过程中的三相电流、电压变化情况，发现异常情况时立即切断融冰电源后汇报指挥部
12	在进行融冰工作的过程中可能发生交通事故	出行的车辆安装防滑链，严格控制车速（不宜超过 40km/h）
13	因天气太冷，可能造成工作人员冻伤	穿防寒服、戴防寒安全帽，确保个人防护用品完善并正确使用
14	夜间因照明度不够，可能造成工作人员发生意外	配备足够的照明设备
15	车载融冰和 10kV 移动融冰同时开展融冰工作时，10kV I 母及 II 母 TV 同时退出运行，电容器全部退出，1 号站用变退出	(1) 倒换站用系统运行方式，确保站内有 2 台站用变运行。 (2) 确保电容器全部退出后不影响 110kV 网络电压质量

8.2.4 准备工作

（1）检查水系统无告警信号，电导率小于 $0.5\mu S/cm$，纯水压力及水温正常。

（2）检查 10kV 移动融冰 004 断路器保护正确投入。

（3）检查融冰后台主接线和顺控流程状态与现场设备一致。

（4）检查直流融冰装置保护正确投入，无异常。

（5）检查直流融冰极隔离开关 S1A、S1B、S2B、S2C 在拉开位置。

（6）将 10kV Ⅱ母单元 5～8 组电容器组转为热备用状态，拉开 0524TV 隔离开关（因 010 断路器在热备用，10kV Ⅰ母、Ⅱ母 TV 二次回路无法并列运行，为不影响 012 电量计算和造成 2 号主变复压误开放，可由专业人员临时将 10kV Ⅰ母、Ⅱ母 TV 并列运行）。

（7）220kV 旁路 270 断路器未带出线断路器运行。

（8）110kV 旁路 170 断路器未带出线断路器运行。

（9）输电管理所将 110kV 福牛线上所有架空地线的 12 把接地开关全部拉开，如图 8-2 所示，并合上联络开关。

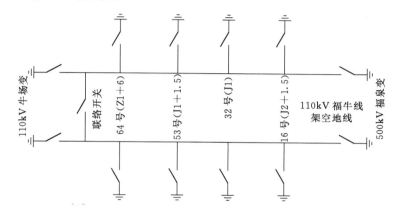

图 8-2　110kV 福牛线架空地线上的接地开关分布图

（10）将 110kV 旁母转检修状态。

（11）将 110kV 福牛线路转为检修状态。

（12）按照图 8-2 的要求在线路末端和首端进行连接。

（13）将 220kV 旁母转冷备用状态。

（14）将 110kV 旁母转冷备用状态。

（15）将 110kV 福牛线路转冷备用状态。

8.2.5　参数设置与接线图

参数设置见表 8-2、表 8-3，接线图如图 8-3 所示。

表 8-2　　　　　　　　　　　　　　直流融冰装置参数

指　标　名　称	参数	指　标　名　称	参数
装置接入点额定电压/kV	10	装置输出直流电压稳定运行范围/kV	0～14.1
装置额定容量/MW	25	装置输出直流电流稳定运行范围/A	300～2400
装置额定电流/kA	2	装置容量稳定运行范围/MW	1.2～30
装置额定电压/kV	12.5	额定直流输出电压对应触发角/(°)	8
装置容量过载能力	1.2 倍，2h	允许持续直流电压最大输出/kV	20.4
装置电流过载能力	1.2 倍，2h		

表 8-3　　　　　　　　　　　　　线路参数及融冰参数

项　目	参　数
线 路 名 称	110kV 福牛线
线 路 型 号	架空地线：GJ-35（2 根开联后按照 GJ-70 计算） 相线：LGJ-185
线路长度/km	25.277
20℃时直流电阻/Ω	53.69（3.86+99.66/2，A 相导线电阻+2 根地线并联）
融冰电流/A	160
融冰方式	1-2

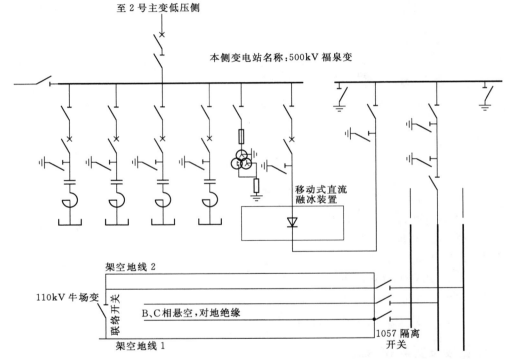

说明：融冰方式为 1-2 模式，即 A 相导线和 2 根地线并联。牛场变侧的联系开关由线路人员操作，融冰时 1057 隔离开关合上。

图 8-3　地线融冰接线图

8.2.6　融冰操作

（1）将 220kV 旁母与移动融冰装置连接（检查 2007 乙、2037、2117、2047、2127、2087、2707、2057、2027、2017、2067、2317、2097、2077、2147、2327、2137 在拉开位置，拉开 20079 甲，合上 2007 甲）。

（2）将 110kV 旁母与 220kV 旁母连接（检查 1077、1087、1097、1317、1127、1047、1117、1057、1327、1707、1037、1027、1017 在拉开位置，拉开 10079 乙、20079 乙，合上 1007 乙、2007 乙）。

（3）合上 1057 隔离开关。

（4）将 10kV 直流融冰 004 断路器转运行。

（5）在"主接线"界面点击"融冰方式控制"，选择融冰方式为 1-1 模式，相序为 1A2B。

（6）在"顺控流程"界面投入"地线融冰功能"。

（7）将直流融冰装置操作至准备解锁状态。

（8）在工作站上设定直流电流升降率为 50A/min，直流电流指令为 160A，点"执行"，进行融冰。如果融冰效果不理想，则可增加输出电流，但不能超过 170A。

（9）线路融冰工作结束后，将"电流指令"设定为 0A。

（10）点击"极隔离"结束融冰操作。

8.2.7 恢复

（1）将 10kV 直流融冰 004 断路器转为热备用。

（2）拉开 1057 隔离开关。

（3）将 110kV 福牛线路转检修，拆除对线路首端和末端进行连接的导线，恢复正常方式接线。

（4）根据调令恢复 110kV 福牛线运行。进行判断，如需要对一条线路进行融冰操作，则以下步骤可省略。

（5）将 10kV 直流融冰 004 断路器转为冷备用。

（6）拉开 220kV 融冰 2007 甲、2007 乙、1007 乙隔离开关。

（7）合上直流融冰 20079 甲、20079 乙、10079 乙、0049 接地开关。

（8）将 220kV 旁母转热备用状态。

（9）将 110kV 旁母转热备用状态。

（10）由专业人员恢复 10kV Ⅰ 母、Ⅱ 母 TV 并列运行的临时短接线。

（11）恢复 10kV Ⅱ 母 TV 运行。

8.2.8 组织措施

（1）在都匀供电局设置融冰工作指挥小组。

（2）都匀供电局线路管理所发现线路覆冰达到融冰需求时，与融冰工作指挥小组沟通，确认需进行线路直流融冰时，向都匀地调提出 110kV 福牛线地线融冰的停电申请（含线路末端短接工作），都匀供电局检修试验所向都匀地调提出 110kV 旁母转检修的申请和 500kV 福泉变移动式直流融冰装置启动申请。

（3）都匀地调批复线路停电申请。

（4）变电管理所批复 500kV 福泉变移动式融冰装置工作申请。

（5）待 110kV 福牛线路转为检修状态，融冰工作指挥小组负责人通知都匀供电局线路管理所在线路末端进行短接工作。

（6）待 110kV 福牛线路接线完毕，融冰工作指挥小组负责人通知 500kV 福泉变电站运行人员负责 500kV 福泉变融冰装置操作工作，由变电站值班员向地调提出操作申请。

（7）线路融冰期间，都匀供电局线路管理所对融冰情况进行观测，随时向融冰工作指挥小组负责人汇报线路脱冰状况。

（8）融冰工作指挥小组根据都匀供电局线路管理所汇报的监测情况确定融冰电流的升降、融冰线路相间切换以及融冰工作的结束。

（9）待融冰工作结束，融冰工作指挥小组负责人通知都匀供电局线路管理所拆除110kV 福牛线路末端短接线（同时拉开图 8 - 2 中的联络开关），通知都匀供电局检修试验所拆除 110kV 旁母 A 相与福牛线 A 相连接、110kV 旁母的 B 相与福牛线两根地线连接的连接线。

8.3　架空地线融冰技术特点分析

在应用实例中，2 根架空地线并联后，再与 A 相导线串联，增大了架空地线的截面积，充分利用了融冰装置的能量。

如果融冰装置的能量足够，也可以用 2 根架空地线串联起来进行融冰。需要说明的是：由于架空地线为钢绞线，其阻抗很大（相对于导线而言），通流能力很小（以 GJ - 35 的导线为例，2 根并联后的融冰电流仅为 160A 左右），这样的电流对架空地线足够了，但对于导线来说，是没有任何融冰效果的。

架空地线融冰技术应用中，由于接线环节需要人工接线，因此其工作效率十分低下。

基于以上原因，架空地线融冰技术的推广范围受到了一定的限制。

第9章 多级电压调节融冰技术

贵州电网于 2011 年设计并采购了 10kV 交流融冰变压器,这种融冰变压器能够输出电流 577A,输出电压分别为 1kV、2kV、3kV、4kV 和 5kV(对应的挡位分别为 5、4、3、2、1 挡)。该融冰变压器主要用于对 10kV 和 35kV 线路进行融冰操作。

在现场实际应用中发现该融冰变压器存在如下问题:

(1)输出电压低,输入电压为 10kV,但输出电压最高只有 5kV,大大限制了融冰线路的可融冰长度。

(2)输出挡位太少,导致很多短线路无法进行融冰操作。

(3)设备利用率低,只有在冬季发生线路覆冰时才能够使用,设备利用小时数很低。

多级电压调节融冰技术采用自能式融冰电源装置,能对输入电压进行多级(超过 105 挡)调节,对各种不同型号、不同长度的输电线路进行融冰操作,以克服现有技术的不足。

9.1 多级电压调节融冰技术原理

"多级电压调节技术"与"可变电压调节技术"的相同点是:它们的融冰输出电压都是可调的;不同点是:它们的输出电压的方式与数量相差较大。

自能式融冰电源装置以自耦变压器的形式将多挡位有载分接开关、配电变压器集成在一起,以实现融冰功能和配电变压器的功能,如图 9-1 所示。

自能式融冰电源装置包括输入端 A-X,可变输出端 a-x,固定输出端 a1-x,变压器线圈,多挡位有载分接开关,固定电压输出线圈。在变压器线圈上设有超过 105 个抽头分别与多挡位有载分接开关的抽头对应连接;变压器线圈接成星形并引出中性点。

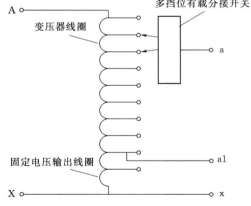

图 9-1 自能式融冰电源装置原理图(单相)

由于采用了上述技术方案,与现有技术相比,自能式融冰电源装置采用以自耦变压器的形式将多挡位有载分接开关、配电变压器集成在一起,通过变压器输出 380/220V 的交流电源,使装置自身为有载调压开关操作机构提供能源,从而调节自身的输出电压,不需要外接控制电源,适用于各种不同长度的线路,充分利用了融冰电源的能量,扩展了融冰线路的长度,提高了融冰的工作效率。

9.2　多级电压调节技术的应用情况

以 10kV 电压等级的自能式融冰电源装置为例来说明其使用方法，设备在系统中的接线方式如图 9-2 所示。

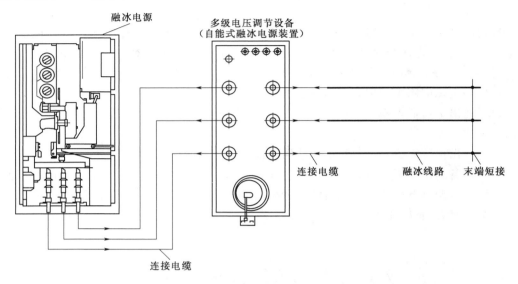

图 9-2　自能式融冰电源装置应用接线示意图

在使用时，需要从一台带保护功能的 10kV 高压断路器输出端取得三相交流融冰电源，用导体（如高压电缆）将 10kV 三相交流电源接到自能式融冰电源的输入端，输出侧通过导体（如高压电缆）与融冰线路的三相分别连接，融冰线路末端通过三相短路连接线进行短路连接。

在通电前先手动将有载调压开关操作到恰当的挡位（具体挡位需要根据具体的融冰线路参数进行计算后确定），通电后还可以通过有载调压开关切换到指定的挡位，从而在不停电的情况下快速取得理想的融冰电流和融冰效果。

作为一台普通的配电变压器或应急移动电源使用时，只需要将高压侧接入 10kV 电网，低压侧固定输出端 a1-x 接入负荷即可。

9.3　多级电压调节融冰技术优缺点分析与展望

9.3.1　技术优缺点分析

1. 优点

（1）对已有的 10kV 交流融冰变压器存在的不足进行了有益的补充，使融冰线路的长度得到了充分扩展。

（2）充分利用了融冰电源的能量。原 10kV 交流融冰变压器只能利用融冰电源到

5kV，现在该设备可以利用到 10kV，此时变比为 1 的变压器不再是无用的设备了，因为它最大限度地利用了融冰电源的能量。

（3）用自身的能量取得调压机构的操作电源，使用时不需要外接控制电源，提高了使用的方便性和客户的接受程度。

2. 缺点

设备体积较大，如果需要移动使用的话，则运输不太方便，特别是在需要融冰的季节，运输道路条件不好，运输设备更加困难。

9.3.2　技术展望

自能式融冰电源装置提出了最基本的电压调节和自能操作方式，完全是一个"纯一次设备"，如果在此基础上再加上一系列自动控制设备或装置，则将会进一步提升设备技术水平。未来的技术展望有以下层面：

（1）增加自动控制设备，让融冰更智能。自能式融冰电源装置在融冰时，需要人工提前根据线路参数、融冰电流等进行计算，以确定选择适合的电压挡位、融冰升流时间。这样的工作不但繁琐，而且需要很专业的技术人员才能完成，也较容易出错。

如果增加一套自动控制设备，融冰时只需要选择融冰线路导线型号，则系统可以自动计算一系列参数，从而实现自动化融冰；在融冰升流的同时，运行人员根据线路观冰人员报告的情况，可方便地选择增加电流或减小电流，并可随时自动或人工终止融冰升流作业。自能式融冰电源装置应具有自动记忆功能，能够自动记忆已操作过的融冰线路，下次融冰时自动选择最佳融冰电流与融冰时间。

（2）增加移动能力。一方面是设计专用的运输车辆，将设备与车辆融为一体，从整体上减小设备的运输总重与运输尺寸；另一方面是进一步减少设备的体积和重量。因为该设备在融冰状态下是按照短时工作（一般不超过 2h）设计的，因此可利用设备自身的过热能力，同时还可适当增大线圈截面积，从而考虑取消散热器。

当然，自能式融冰电源装置在融冰接线时需要检修人员在停电状态下进行作业，这样的操作方式会存在较高的作业风险，其接线环节需要进一步优化。

第 10 章　多级阻抗限流融冰技术

贵州电网于 2011 年设计并采购了 10kV 交流融冰变压器,这种融冰变压器容量为 5000kVA,能够输出电流 577A,输出电压分别为 1kV、2kV、3kV、4kV 和 5kV(对应的挡位分别为 5、4、3、2、1 挡)。其融冰对象定位为配网 10kV、35kV 线路以及部分 110kV 线路,是对固定式直流融冰装置、车载式直流融冰装置的有效补充,极大地扩展了可融冰线路的范围。

在现场实际应用中发现该融冰变压器存在如下问题:

(1)输出电压低,输入电压为 10kV,但输出电压最高只有 5kV,大大限制了融冰线路的可融冰长度,例如:针对 LGJ - 150 的线路,5kV 电压下的可融冰线路最大长度仅为 16km。

(2)电压调节挡位太少,只有 5 个挡位,输出电压分别为 1kV、2kV、3kV、4kV 和 5kV,导致很多短线路无法进行融冰操作。如某变电站有 1 条 2.348km 长的线路,导线型号为 LGJ - 120,在选择最低融冰电压为 1kV 时,能够得到的最小融冰电流为 530A,远远超过该型号导线的标准安全融冰电流 315.1A。

多级阻抗限流融冰技术采用自能式融冰电抗器,它能模拟不同长度的线路,确保在 10kV 电压下,所有 0km 以上且因线路长度太短需要串联附加阻抗才能进行融冰的输电线路能够进行融冰操作,以克服现有技术的不足。

10.1　多级阻抗限流融冰技术原理

自能式融冰电抗器技术原理和外形结构都与"自能式融冰电源装置"类似,唯一不同的是"自能式融冰电源装置"采用电压调节的方式实现特定长度线路的融冰电流调节,而自能式融冰电抗器采用串联阻抗调节的方式实现特定长度线路的融冰电流调节,它们调节融冰电流的方式是不同的。

自能式融冰电抗器将电抗器、变压器及有载调压开关集成在一起,通过变压器自身输出的能量对有载调压开关进行控制和操作,因此称其为"自能式融冰电抗器",改变载调压开关与电抗器的抽头的连接,从而输出每个挡位相差 1Ω 的连续可调的阻抗值,以模拟不同长度的线路,从而实现自动调节自能式融冰电抗器的输出阻抗。

自能式融冰电抗器结构如图 10 - 1 所示,包括箱体,在箱体上设有输入侧高压套管、输出侧高压套管、低压套管、有载调压开关及有载调压开关操作机构。

在箱体内设有三相三柱式的铁芯,在每柱铁芯上从外到内分别设有阻抗调节线圈、变压器初级线圈及变压器次级线圈;在阻抗调节线圈上设有 27 个电抗器线圈抽头,电抗器线圈抽头与有载调压开关的抽头对应连接;变压器初级线圈及阻抗调节线圈的输入端从输

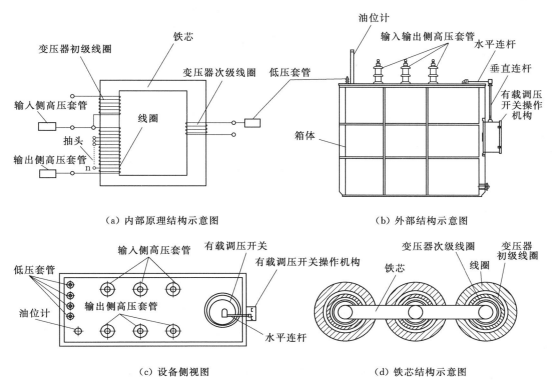

（a）内部原理结构示意图　　　　　　　　　　　（b）外部结构示意图

（c）设备侧视图　　　　　　　　　　　（d）铁芯结构示意图

图 10 - 1　自能式融冰电抗器结构

入侧高压套管引出，阻抗调节线圈的输出端从输出侧高压套管引出，变压器初级线圈的另一端在箱体内部结成星形或三角形，且不引出；变压器次级线圈的输出端从低压套管的A、B、C 三相引出，并连接到有载调压开关操作机构上，其另一端在内部结成星形后从低压套管的 N 相引出；有载调压开关通过水平连杆和垂直连杆与有载调压开关操作机构连接；在箱体的顶部设有油位计。

电抗器线圈抽头为 27 个以上，电抗器线圈抽头与载调压开关的抽头对应连接，不同的电抗器线圈抽头用于改变阻抗调节线圈的匝数，其个数可根据工程实际需要进行增多或减少调整，每个挡位相差 1Ω。

在箱体的顶部设有油位计。油位计可观察箱体内的油位情况，并可作为安全阀使用。

10.2　多级阻抗限流融冰技术的应用情况

自能式融冰电抗器将电抗器、变压器及有载调压开关集成在一起，通过变压器自身输出的能量对有载调压开关进行控制和操作，改变载调压开关与电抗器的抽头的连接，从而输出每个挡位相差 1Ω 的连续可调的阻抗值，以模拟不同长度的线路，从而实现自动调节自能式融冰电抗器的输出阻抗。

自能式融冰电抗器接线如图 10 - 2 所示。

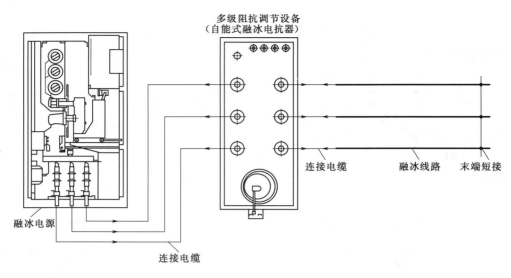

图 10-2　自能式融冰电抗器接线示意图

在使用时，需要从一台带保护功能的 10kV 高压断路器输出端取得三相交流融冰电源，用导体（图 10-2 中的连接电缆）将 10kV 三相交流融冰电源接到输入侧高压套管的接线端子上，输出侧高压套管的接线端子通过导体与融冰线路的三相连接，融冰线路末端通过三相短路连接线进行短路连接。在通电前先手动将有载调压开关操作到恰当的挡位（具体挡位需要根据具体的融冰线路参数进行计算后确定），通电后通过有载调压开关操作机构电动操作有载调压开关切换到指定的挡位，从而取得理想的融冰电流和融冰效果。

采用具体案例说明可融冰线路的最大长度和最小长度如下：

（1）可融冰线路的最大长度。某型号为 LGJ-150 的线路，其标准融冰电流为 368.5A，如果用现有的 10kV 融冰变压器，则可融冰线路的最大长度为 16km（在最大输出电压 5kV 下得到的融冰电流为 382.02A，如果线路再长，则融冰电流变小，无法对线路进行融冰操作）；如果改为自能式融冰电抗器，则其最大可融冰线路的最大长度可扩展到 31km（自能式融冰电抗器的输出阻抗调节为 2Ω 与线路串联，得到融冰电流为 365.42A）。当然，线路长度超过 31km 之后则不需要附加电抗即可对线路进行融冰（10kV 电压下 LGJ-150 线路为 32～35km 时可以不需要附加电抗即可对线路进行融冰，超过 35km 之后则因为系统能量不足无法进行融冰操作。但是并不是绝对的，在融冰电源不变的前提下，超过 35km 之后的线路融冰方法可参考"负阻抗融冰技术"一节）。

（2）可融冰线路的最小长度。某型号为 LGJ-150 的线路，其标准融冰电流为 368.5A，如果用现有的 10kV 融冰变压器，则可融冰线路的最小长度为 3.5km（在最小输出电压下得到的融冰电流为 371.10A，如果线路再短 0.5km，则融冰电流变大到 432.95A，由于电流太大可能会危及线路的安全，无法对线路进行融冰操作）；如果改为自能式融冰电抗器，则其最小可融冰线路的最大长度可扩展到 0km（将自能式融冰电抗器的输出阻抗调节为 15Ω 与线路串联，得到融冰电流为 384.91A）。

通过上述计算结果对比可知：对于案例中采用的 LGJ-150 型号的导线，现有的融冰变压器的融冰范围是 3.5～16km（因为它不能实现电压平滑调节，其中某些中等长度的线路也无法进行融冰操作，如某型号为 LGJ-150，长度为 11.5km 的线路，如果输出电压选择 4kV，则得到的融冰电流为 451.78A，远远超过标准融冰电流 368.5A；如果输出电压选择 3kV，则得到的融冰电流为 338.83A，此电流太小无法对线路进行融冰操作）；而自能式融冰电抗器的融冰范围是 0～31km，在此范围内任意长度的线路都能够安全地进行融冰操作（以长度为 11.5km 的线路为例，可选择 10Ω 的阻抗值与线路串联，得到的融冰电流为 382.36A，可以安全地进行融冰操作）。

10.3 应用情况小结

10.3.1 技术优缺点分析

1. 优点

（1）对已有的 10kV 交流融冰变压器的不足之处进行了有益的补充，使融冰线路的长度得到了充分扩展。

（2）充分利用了融冰电源的能量。原 10kV 交流融冰变压器只能利用融冰电源到 5kV，现在该设备可以利用到 10kV。

（3）用自身的能量取得调压机构的操作电源，使用时不需要外接控制电源，提高了使用的方便性和客户的接受程度。

2. 缺点

（1）设备体积较大，如果需要移动使用的话，则运输不太方便，特别是在需要融冰的季节，运输道路条件不好，运输设备更加困难。

（2）由于该技术的核心内容是"限流"，因此，被限制的能量会集中在设备内部，使用时间较长时可能会存在发热严重的问题，因此它对自身的散热提出了更高的要求。

10.3.2 技术展望

自能式融冰电抗器提出了最基本的限流和自能操作方式，完全是一个"纯一次设备"，如果在此基础上再加上一系列自动控制设备或装置，则将会进一步提升设备技术水平。未来的技术展望有以下层面：

（1）增加自动控制设备，让融冰更智能。自能式融冰电抗器在融冰时，需要人工提前根据线路参数、融冰电流等进行计算，以确定选择适合的阻抗挡位、融冰升流时间。这样的工作不但繁琐，而且需要很专业的技术人员才能完成，也较容易出错。

如果增加一套自动控制设备，融冰时只需要选择融冰线路导线型号，则系统可以自动计算一系列参数，从而实现自动化融冰；在融冰升流的同时，运行人员根据线路观冰人员报告的情况，可方便地选择增加电流或减小电流，并可随时自动或人工终止融冰升流作业。自能式融冰电抗器应具有自动记忆功能，能够自动记忆已操作过的融冰线路，下次融冰时自动选择最佳融冰电流与融冰时间。

（2）增加移动能力。一方面是设计专用的运输车辆，将设备与车辆融为一体，从整体

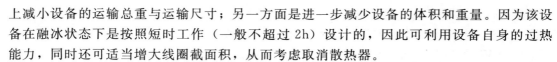

上减小设备的运输总重与运输尺寸；另一方面是进一步减少设备的体积和重量。因为该设备在融冰状态下是按照短时工作（一般不超过 2h）设计的，因此可利用设备自身的过热能力，同时还可适当增大线圈截面积，从而考虑取消散热器。

当然，自能式融冰电抗器在融冰接线时需要检修人员在停电状态下进行作业，这样的操作方式会存在较高的作业风险，其接线环节需要进一步优化。

第 11 章 负阻抗融冰技术

自从 2008 年南方大面积冰灾之后，电网公司就从技术上采取了很多措施，其中之一就是对 110kV 及以下输电线路采用交流短路融冰的方式。但经过现场实际应用后，发现存在以下问题：

以 10kV 固定电压的三相交流融冰电源为例来说明，一条型号为 LGJ-50 的 35kV 线路，其长度为 47km，所需标准融冰电流为 188.4A。如果直接接入 10kV 交流融冰电源，则其融冰电流只有 164.6A，电流太小无法进行融冰操作，如果接入 35kV 交流融冰电源则电流太大，会导致严重的短路事故，严重覆冰时无法保证线路的安全运行

而融冰多级电压调节和多级阻抗调节技术都无法解决上述问题。

"一种负阻抗特性的融冰辅助装置"能有效缩短输电线路的等效长度，实现在相同融冰电压下对更长距离的输电线路进行融冰操作，以克服现有技术的不足。

11.1 负阻抗融冰技术原理

文献 [7] 中提到：在交流系统中，由于导线的交流感抗远大于直流电阻，交流融冰需要系统提供的电源容量是直流融冰的 5～20 倍，成为制约交流融冰技术的瓶颈。利用短路融冰法对 500kV 以上线路进行融冰，当线路长度超过 100km 时，系统需要提供的无功容量为 1～2GVA，超过了系统所能承受的范围，将影响到系统的安全性和稳定性。因此，如何解决长距离融冰线路感抗过大的问题，是应用电容补偿无功电源输电线路融冰方法的关键。

在研究电容补偿电感调负融冰方法和并联电容无功补偿融冰方法的基础上，提出采用串联补偿电容的方法减少线路感抗，用串联电容器的容抗补偿线路的感抗，达到降低回路总阻抗的目的。

采用电容补偿无功电源融冰方法对输电线路进行融冰，融冰线路可以简化成一系列电阻和电感的串联等效电路，与末端投入的融冰电容器也是串联关系。由于容抗 X_C 和感抗 X_L 相位相差 180°，投入电容器后线路容抗 X_C 和感抗 X_L 相互抵消，线路总阻抗发生变化，在系统提供的电压不变的情况下，使线路中融冰电流产生变化。负阻抗融冰简化等效电路如图 11-1 所示。

在未串联补偿电容器之前，回路的总阻抗为

$$Z_0 = nR_L + jnX_L \tag{11-1}$$

而串联了补偿电容器之后，其回路的总阻抗变为

$$Z_1 = (nR_L + R_C) + j(nX_L - X_C) \tag{11-2}$$

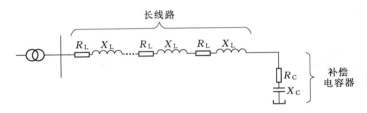

图 11-1 负阻抗融冰简化等效电路图

式中 R_L ——导线单位长度的电阻，Ω；

$\qquad X_L$ ——导线单位长度的电抗，Ω；

$\qquad R_C$ ——串联电容器的内电阻（由于该数值很小，工程上可以忽略不计），Ω；

$\qquad X_C$ ——串联电容器的容抗，Ω；

$\qquad n$ ——导线的长度，km。

由于 R_c 很小，工程上可将其忽略不计，因此串联补偿电容器之后的回路总阻抗要比未串联电容器之前要小很多。

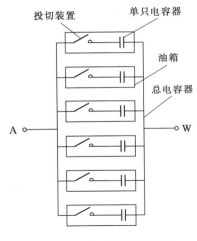

图 11-2 内部结构示意图

理论上，当线路的总电抗与总容抗相等时，线路的阻抗为最小，此时可以得到最大的融冰电流。但是，此时的线路处于谐振状态，融冰时是一定要避免的，在装置的参数设计时一定要注意。

负阻抗特性融冰辅助装置的内部结构如图 11-2 所示。

包括 6 个单只电容器，所有的单只电容器均并联在一起，每个单只电容器都串联有一个投切装置，所有的单只电容与投切装置组成总电容器；串联在一起的单只电容器与投切装置密封在同一油箱内，投切装置的操作机构置于油箱外；投切装置为单相隔离开关（也可采用真空接触器或真空断路器）。

该设备将单只电容器与投切装置组合后并联成一个总电容器，通过改变操作投切装置来改变单只电容器的并联数量，从而调节总电容器的容量及输出容抗 X_C 的大小，充分利用了融冰电源的能量，扩展了融冰线路的长度，提高了融冰的工作效率。

11.2 负阻抗融冰技术的应用情况

以导线型号为 LGJ-50 的输电线路为例来说明应用情况。根据计算，该导线在 10kV 融冰电压下，线路超过 43km 后，需要串联电容器才能够进行融冰操作，当线路长度超过 48km 后，串联电容器也无法对其进行融冰操作。因此确定串联电容器的长度范围为 43~48km，可计算出串联电容器两端电压的变化范围、所需串联电容器的容量、串联电容器在特定容量和电压下呈现的容抗，见表 11-1。

表 11 - 1　　　　　　　　　　　串联电容器融冰计算示例

导线型号	线路长度 /km	串联电容上的 电压 U/V	单相需要串的 容量 Q/kVar	串联电容器的 容抗 X_C/Ω	补偿度 /%
LGJ - 50	43	540.7	101.87	2.87	16.69
LGJ - 50	44	853.4	160.79	4.53	25.74
LGJ - 50	45	1198.2	225.75	6.36	35.33
LGJ - 50	46	1588.2	299.22	8.43	45.82
LGJ - 50	47	2053.5	386.89	10.9	57.98
LGJ - 50	48	2680.9	505.09	14.23	74.11

　　根据计算结果，以三相中的 1 相为例，可将该串联电容器设计为 6 个组，见表 11 - 2。

表 11 - 2　　　　　　　　　　　串 联 电 容 器 分 组

电容器编号	额定容量/kvar	额定电压/V	对应融冰线路的长度/km
C1	101.87	540.7	43
C2	160.79	853.4	44
C3	225.75	1198.2	45
C4	299.22	1588.2	46
C5	386.89	2053.5	47
C6	505.09	2680.9	48

　　在现场使用前，需要针对融冰线路的具体情况计算出需要串联电容器的实际使用容量，并将其调节到实际使用容量，然后将装置串联接入线路中，线路的末端 W 需要三相短路连接，线路的首端 A 与三相交流融冰电源连接。

　　在输电线路的型号及长度已知的前提下，计算所需要的串联电容器的容量特定容量和电压下呈现的容抗，再根据该值来选择适合参数的单只电容器。

　　结合图 11 - 3 说明其使用方法。

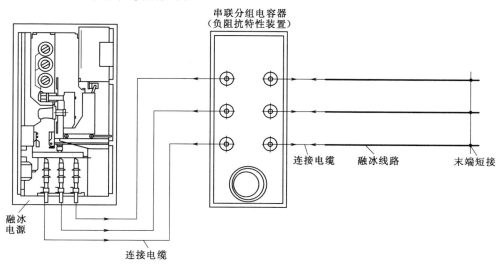

图 11 - 3　负阻抗特性融冰装置接线示意图

与多功能融冰电源和融冰电抗器一样，在使用时，需要从一台带保护功能的 10kV 高压断路器输出端取得三相交流融冰电源，用导体（图 11-3 中的连接电缆）将 10kV 三相交流融冰电源接到输入侧高压套管的接线端子上，输出侧高压套管的接线端子通过导体与融冰线路的三相连接，融冰线路末端通过三相短路连接线进行短路连接。在通电前先手动将串联电容器操作到恰当的挡位（具体挡位需要根据具体的融冰线路参数进行计算后确定），从而取得理想的融冰电流和融冰效果。

11.3 负阻抗融冰技术优缺点分析与展望

11.3.1 技术优缺点分析

1. 优点

利用串联电容可减少线路阻抗的特点，在不增加电源容量的前提下，扩展可融冰线路的长度。

2. 缺点

通性较差。由于每种规格的导线都需要一台专用设备，因此导致了其通用性不好，推广范围受到限制。

11.3.2 技术展望

负阻抗特性融冰装置率先提出了"负阻抗"的概念，并对其进行研究，如果在此基础上再加上一系列自动控制设备或装置，则将会进一步提升设备技术水平。未来的技术展望有以下层面：

（1）增加自动控制设备，让长线路的融冰更智能。负阻抗特性融冰装置在融冰时，需要人工提前根据线路参数、融冰电流等进行计算，以确定选择适合的电容挡位、融冰升流时间。这样的工作不但繁琐，而且需要很专业的技术人员才能完成，也较容易出错。

如果增加一套自动控制设备，融冰时只需要选择融冰线路导线型号，则系统可以自动计算一系列参数，从而实现自动化融冰；在融冰升流的同时，运行人员根据线路观冰人员报告的情况，可方便地选择增加电流或减小电流，并可随时自动或人工终止融冰升流作业。负阻抗特性融冰装置应具有自动记忆功能，能够自动记忆已操作过的融冰线路，下次融冰时自动选择最佳融冰电流与融冰时间。

（2）增加移动能力。一方面是设计专用的运输车辆，将设备与车辆融为一体，从整体上减小设备的运输总重与运输尺寸；另一方面是进一步减少设备的体积和重量。

当然，负阻抗特性融冰装置在融冰接线时也需要检修人员在停电状态下进行作业，这样的操作方式会存在较高的作业风险，其接线环节需要进一步优化。

第 12 章　融冰接线优化创新技术

本书所述 10 项融冰技术均涉及融冰接线问题。从 2008 年年底，南网第一套和第二套直流融冰装置在都匀电网 500kV 福泉变试验成功之后，便开始着手对融冰接线问题进行了系统和全面深入研究并取得了显著的成绩：

（1）2011 年 6 月，论文《35kV 交流融冰变压器的改造方案》获贵州省电机工程学会 2011 年抗冰论文集二等奖。

（2）2011 年 6 月，论文《提高都匀电网输电线路融冰工作效率的技术措施》获贵州省电机工程学会 2011 年抗冰论文集三等奖。

（3）2012 年 10 月，"基于直流融冰装置的 SVC 的研究与实施"获南网技改贡献奖三等奖（排名第五）。

（4）2013 年 11 月，"500kV 福泉变站内接线方案优化"项目获全国电力职工成果三等奖，同时获贵州电网技改贡献二等奖。

（5）2013 年 11 月，项目专利"具有融冰跨越连接功能的隔离开关"获南网专利三等奖，同时获贵州电网优秀专利二等奖。

（6）2014 年 11 月，项目专利"融冰交流连接箱"获南网职工科技创新二等奖。

（7）2014 年 12 月，配合贵州电网出版专著《电网防冰关键技术工程应用》（ISBN 978 - 7 - 5123 - 6801 - 9）。

（8）2015 年 2 月，配合贵州电网"电网抵御低温冰冻灾害关键技术的推广应用"获得贵州省科技成果转化一等奖。

（9）2015 年 4 月，项目专利"带防雷功能的融冰隔离开关"获南网 2015 年优秀专利三等奖，同时获贵州电网 2015 年优秀专利二等奖。

（10）2016 年 5 月，"融冰线路首端和末端连接方式优化研究及应用"项目获南网 2016 年度技改贡献三等奖，同时获贵州电网 2016 年度技改贡献二等奖。

（11）2016 年 11 月，"融冰线路优化接线方法研究及应用"项目获 2016 年度（第八届）全国电力职工技术成果奖二等奖，同时获得黔南州科技进步三等奖。

12.1　方　法　和　原　理

12.1.1　融冰接线优化的融冰回路

融冰回路就是将融冰装置输出的直流母线与需融冰的调压输电线路相连接，并在输电线路的另外一端（末端）短接而形成的回路，融冰回路如图 12 - 1 所示。

图 12 - 1 是一般意义上的直流融冰回路，实际应用时，特别是在 110kV 及以下电压

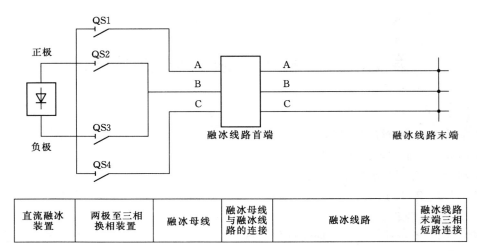

直流融冰装置	两极至三相换相装置	融冰母线	融冰母线与融冰线路的连接	融冰线路	融冰线路末端三相短路连接

图 12-1　融冰回路示意图

等级的中低压输电线路中，一般都没有直流融冰装置和融冰母线，而是直接通过交流电源用高压电缆与融冰线路直接连接。

通常，有融冰装置的变电站一侧称为融冰线路首端，而另外一侧称为融冰线路末端，如图 12-2 所示。

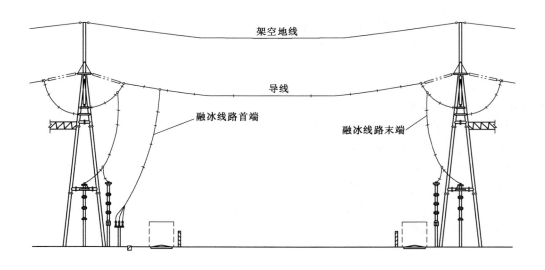

图 12-2　融冰线路首端连接现状示意图

融冰装置输出的强大功率汇集于融冰母线，如何在需要时安全、快捷地将融冰电流输出到需要融冰的高压输电线路是需要研究的关键技术之一。

目前，在南网典型设计中，110kV 和 220kV 变电站内是不带旁路母线的。在这些变电站中加装直流融冰装置时，将会遇到以下问题：

（1）在直流融冰装置输出侧的融冰母线无法直接与融冰线路首端相连接，在融冰线路的末端，也没有专门的能够通过融冰电流的短路设备，整个融冰过程的工作效率十分低下，约有 44% 的时间[5]消耗在线路首端的连接和线路末端的短接上。

（2）直流融冰母线与融冰线路连接的空间受到限制，如果在融冰母线与融冰线路之间加装连接设备的话，就必须要对场地进行扩展征地。

从宏观上来看，主要有以下关键点：

（1）融冰母线与融冰线路的连接问题。

（2）融冰线路末端三相短路连接问题。

（3）对于交流融冰装置，由于没有融冰母线和足够的安装场地，因此还需要考虑如何构建交流融冰母线的问题。

由于融冰装置有直流融冰装置、交流融冰装置等，各种融冰装置的融冰对象和电压等级都不一样，因此每个关键点又可以分解为若干个关键技术，以适应融冰工作的实际应用的复杂需求。

12.1.2　原理

12.1.2.1　总体思路

（1）通过对已投运变电站内各种电气主接线及平面布置的调研，结合融冰线路首端和末端接线的方式及特点，提出针对性的用专用融冰隔离开关代替人工作业的技术方案，构建具有独立知识产权的专利群，并在现场得到推广应用。

（2）研究车载式直流融冰装置和融冰变压器接入电网的规律和特点，找出提高工作效率的技术方案，并在现场得到推广应用。

12.1.2.2　技术原理

（1）在融冰线路首端，融冰母线与融冰线路之间采用专用融冰隔离开关进行连接、拆除连接。

（2）在融冰线路末端采用专用融冰隔离开关对融冰线路进行短接、拆除短接。

（3）无论在融冰线路的首端还是末端，只要有线路侧避雷器的安装位置，就可以在该避雷器的位置上安装相应的融冰隔离开关。以减少占地面积、节省投资，同时也便于在已经运行的变电站内推广应用（详见：专利"带防雷功能的融冰隔离开关"，ZL 2012 2 0299930.8；专利"多功能隔离开关"，ZL 2013 2 0876322.3；专利"防雷型高压支柱绝缘子"，ZL 2013 2 0715915.1）

（4）在融冰线路末端，对于 110kV 及以下电压等级而言，新融冰隔离开关可以在原有线路侧隔离开关的位置上进行安装，新融冰隔离开关同时具备普通线路侧隔离开关的全部功能和融冰短接（但不接地）的功能（详见专利"具有融冰短路和接地切换功能的隔离开关"，ZL 2013 2 0187109.1）

12.2　融冰接线优化技术背景

输电线路冬季覆冰是电力系统的重大自然灾害之一。因覆冰引起的供电中断，甚至电网崩溃等事故后果通常极为严重，修复工作难度大、周期长。导线覆冰严重影响着高压输电线路的安全运行，覆冰带来了安全生产方面的危害，并加大了维护工作量，增加了企业成本，减少了供电收入。因此，有效地避免和防止冰灾对高压输电线路造成的危害，是电力企业必须要面对的课题。

2008 年 9 月，南网第一套直流融冰装置在贵州电网都匀供电局 500kV 福泉变试验成功并投运后，从技术上解决了电网高压输电线路的融冰问题。

图 12-3　使用 32m 高的特种作业车

融冰线路与融冰母线连接、融冰线路末端三相短路连接作业采用人工作业方式，作业过程中需要工作人员将短接缆线吊起进行高空安装。因为有融冰大电流和通电时间的要求，对高空的接线要求更为仔细，工作量大，需要装、拆多股导线接头和高压线路的连接。而采用目前的技术，短接导线的收、放和固定费时较多，工作人员容易发生疲劳，另外融冰作业时天气寒冷，人手灵活度下降，不适合做重复的工作；并且塔体和架空线都比较湿滑，又可能存在风力影响，工作时间长短与安全性也成反比。

经过多年的应用，可以发现整个融冰过程的工作效率十分低下：约有 44％ 的时间消耗在线路首端的连接和线路末端的短接上。在现场的实际应用中存在直流融冰装置输出侧的融冰母线无法直接与融冰线路首端相连接的问题。

现有的连接方式如图 12-3～图 12-6

所示。

图 12-4　距离地面 28m 的高空作业

图 12-5　大量的人力资源 1

这样的工作方式存在的缺陷如下：

（1）工作效率低。融冰母线与 500kV 融冰高压线路之间的连接与解除连接，需要约 300min 的时间。

（2）安全风险高。融冰母线与 500kV 融冰高压线路之间的连接与解除连接工作，需要 20～30 人和至少 1 台价值 187 万元的特种高空作业车。工作人员需要在冰天雪地中爬至 28m 的高空进行作业，其所面临的风险很高。

图 12-6 大量的人力资源 2

（3）经济损失大。经过统计，2011 年年初 500kV 共 8 条线路融冰的损失（指停电融冰期间所导致的电量损失）总计为 1002.540 万元。

在融冰线路的末端，也没有专门的能够通过融冰电流的短路设备。现场情况如图 12-7～图 12-9 所示。

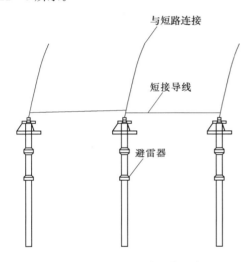

图 12-7 避雷器顶端短接示意图

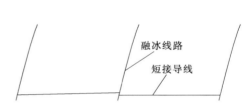

图 12-8 线路末端 1 号杆上短接示意图

无论是在线路末端在雷器顶端短接，还是在线路末端 1 号杆上短接，在对线路进行融冰之前，都需要将线路操作到检修状态，工作人员办理相应的工作许可手续后方能将预制的连接导线连接到相应的位置；融冰工作完成后还需要解除连接。这种方式存在如下问题：

（1）融冰工作效率低下。

（2）运行人员操作工作量增加。

（3）检修人员增加了作业风险和行车风险。

如何提高融冰装置的利用率、缩短融冰时间、降低或消除人工作业（从融冰管母线至融冰线路之间的导线连接、融冰线路末端三相短路连接）的风险成为电网公司一个迫切需要解决的技术难题。

图 12-9　融冰线路末端短接情况

第13章 融冰线路的首端优化接线

13.1 现场有足够安装场地时的优化接线

13.1.1 方法1（适用于110kV及以上系统）

在场地足够的变电站，可以加装"具有融冰跨越连接功能的隔离开关"（专利号：ZL 2012 2 0115421.5，授权日期：2012年10月3日）来解决融冰线路与融冰母线之间的连接、拆除连接问题。

结合图13-1和图13-2说明其原理如下：具有融冰跨越连接功能的隔离开关包括支架，在支架上设有电动操作机构，在电动操作机构上连接有垂直连杆，在支架的顶部设有底座，在底座上设有高侧支柱绝缘子及低侧支柱绝缘子，垂直连杆的顶部与低侧支柱绝缘子的底部连接；在低侧支柱绝缘子上设有低侧接线板，在低侧支柱绝缘子的顶部连接有可折叠的导电杆，在高侧支柱绝缘子的顶部连接有均压环，在均压环的底部设有静触头，导电杆的顶部能与静触头接触，在均压环的顶部设有高侧接线板。

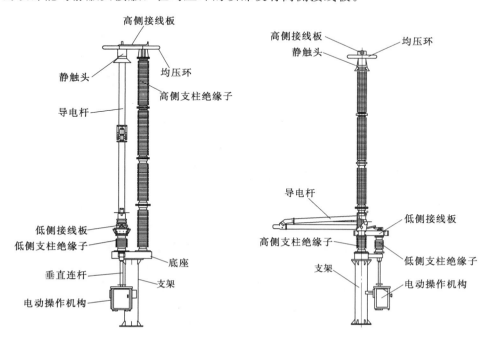

图13-1 装置结构示意图（合闸）　　图13-2 装置结构示意图（分闸）

具体实施方式为：将高侧接线板连接到线路输电线上，将低侧接线板连接到融冰母线上。当需要系统正常运行时，通过电动操作机构控制导电杆折叠，使导电杆与融冰母线的轴线保持平行，使装置处于分闸位置，原有线路和融冰装置按照常规模式正常运行；当需要将线路输电线首端与融冰母线进行三相跨越连接时，只需将线路输电线停电并拉开线路输电线开关单元的隔离开关，再使导电杆与静触头接触即可。

优化前、后的接线方式如图 13-3 和图 13-4 所示。

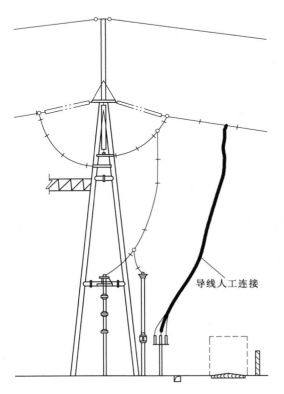

图 13-3　融冰母线与融冰线路之间的连接方式
（优化前）

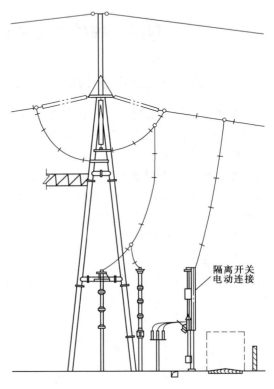

图 13-4　融冰母线与融冰线路之间的连接方式
（优化后）

13.1.2　方法 2（适用于 220kV 及以上系统）

现场场地空间足够时，不可采用"移动直流融冰跨接小车"进行连接（该方案是浙江金华 500kV 变电站内首先使用，贵州电网在安顺供电局 500kV 安顺变也有应用。该方案作为一种经过实际检验且可行的方案，有必要进行借鉴与学习）。移动直流融冰跨接小车主要由两组高低不同的隔离开关、连接导体及一辆特殊制作小车组成，主要功能是将两组高低不同的融冰连接成电气通路，融冰直流电流由小车隔离开关通过。

结合图 13-5～图 13-6 对其原理进行说明：其本质是将一组垂直伸缩式隔离开关分解为三相，每分别安装于一台具有移动能力的小车上面。

该方法需在每条出线对应的融冰管母上和线路出线侧（避雷器与环站道路之间）各加

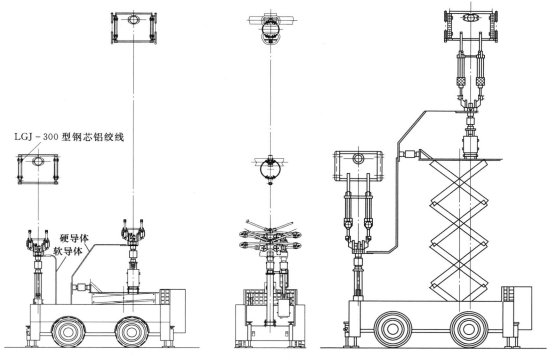

图 13 - 5　分闸位置　　　　　　　　图 13 - 6　合闸位置

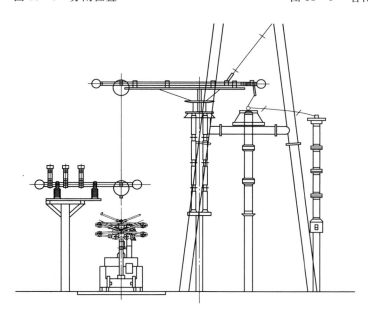

图 13 - 7　在系统中的接入方式断面图（500kV）

装一组静触头。这样只需要在变电站配置三台移动直流融冰跨接小车，即可满足全站所有出线的融冰搭接。每次融冰需要将小车操作至融冰线路处，并进行定位，需 20～30min

完成搭接。融冰管母与出线避雷器间需有环站道路。

与人工连接的方式相比，该方法具有快速方便的特点，但其不足之处如下：

（1）停电后由人工将三台小车分别移动到预定位置，才能进行分、合闸（即与线路连接或拆除连接）操作，因此工作效率较低。

（2）相比于方法1而言，其维护工作量较大、费用较高。

（3）占地面积比方法1大2～3倍，一般只能在新建变电站内使用（在已建变电站内使用可能会涉及征地问题）。

13.2　现场安装场地不足时的优化接线

在场地不足够的变电站，可以加装"带防雷功能的融冰隔离开关"（专利号：ZL 2012 2 0299930.8，授权日期：2013 年 3 月 13 日）来解决融冰线路与融冰母线之间的连接、拆除连接问题。

简而言之，就是在变电站内出线间隔的线路避雷器的位置上安装"带防雷功能的融冰隔离开关"，该设备具有融冰隔离开关和避雷器的双重功能。

结合图13-8和图13-9介绍其原理如下：带防雷功能的融冰隔离开关包括支架，在

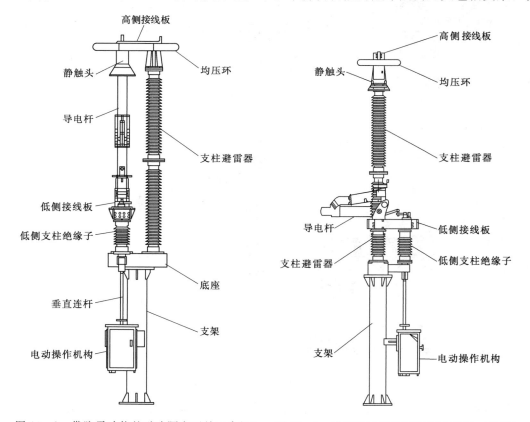

图 13-8　带防雷功能的融冰隔离开关（合闸）　图 13-9　带防雷功能的融冰隔离开关（分闸）

支架上设有电动操作机构，在电动操作机构上连接有垂直连杆，在支架的顶部设有底座，在底座上设有支柱避雷器及低侧支柱绝缘子，垂直连杆的顶部与低侧支柱绝缘子的底部连接；在低侧支柱绝缘子上设有低侧接线板，在低侧支柱绝缘子的顶部连接有可折叠的导电杆，在支柱避雷器的顶部连接有均压环，在均压环的底部设有静触头，导电杆的顶部能与静触头接触，在均压环的顶部设有高侧接线板。

电动操作机构每相 1 个，实现分相操作，三相之间电气联动操作。

具体应用情况为：在使用时，将高侧接线板连接到线路输电线上，将低侧接线板连接到融冰母线上。当需要系统正常运行时，通过电动操作机构控制导电杆折叠，使导电杆与融冰母线的轴线保持平行，使装置处于分闸位置，原有线路和融冰装置按照常规模式正常运行，此时的装置具有避雷器的功能；当需要将线路输电线首端与融冰母线进行三相跨越连接时，只需将线路输电线停电并拉开线路输电线开关单元的隔离开关，再使导电杆与静触头接触。

该专利技术得到应用后，避雷器顶端至融冰线路之间的连接避雷线即可以用"带防雷功能的融冰隔离开关"来实现，完全不需要检修人员参与，应用时只需要按下电钮就能够实现融冰母线与融冰线路之间的连接与解决连接，优化前后与接线示意图如图 13-10 和图 13-11 所示。

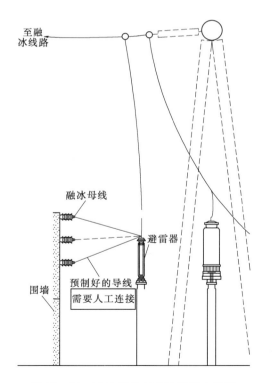

图 13-10 融冰母线与融冰线路之间的连接示意图（优化前）

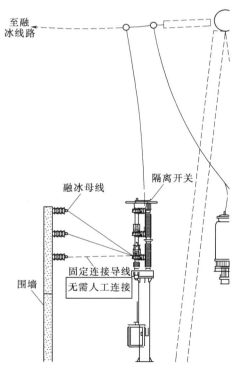

图 13-11 融冰母线与融冰线路之间的连接示意图（优化后）

在本装置的研发过程中，还发明了"防雷型高压支柱绝缘子"（专利号：ZL 2013 2

0715915.1) 和"利用避雷器作为支柱绝缘子的方法及装置"（申请号 CN201310564877）。
"带防雷功能的融冰隔离开关"即建立在该专利技术的基础之上。

13.3　车载式直流融冰装置接入系统

13.3.1　接入优化

对于车载式直流融冰装置和交流融冰变压器，由于目前还没有融冰母线，因此只能通过高压电缆将融冰电源输出至融冰装置。

由于装置为移动式使用，为缩短连接电缆长度，减轻检修人员的工作量和安全风险，可加装"融冰交流连接箱"（专利号：ZL 2012 2 0299928.0，授权日期：2013 年 1 月 9 日）来解决车载式直流融冰装置和交流融冰变压器首端的连接问题。

结合图 13 - 12 和图 13 - 13，其原理说明如下：装置包括箱体，在箱体内设有 3 块具有足够载流能力的三相连接铜排，三相连接铜排通过绝缘子固定在箱体上，在三相连接铜排的两端均设有 4 个以上的线缆接入孔；在箱体内设有加热器；在箱体内设有照明灯。

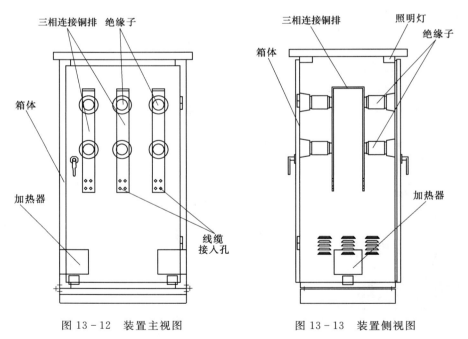

图 13 - 12　装置主视图　　　　　　图 13 - 13　装置侧视图

在箱体内设有加热器。启动加热器可对箱体内部进行加热，避免箱体内部受潮，不影响正常使用。

在使用过程中，将三相连接铜排的一端作为固定安装的高压电缆与融冰变压器的输出端连接，另一端分两个支路：第 1 个支路用长度不超过 10m 的高压电缆与高压输电线路连接（需要融冰时才连接，不融冰时把该电缆解开另行存放）；第 2 个支路用固定安装的高压电缆与下一个融冰专用交流连接箱的输入端连接。

利用该专利技术，车载式直流融冰装置输入端接线方式优化如图 13-14 和图 13-15 所示。

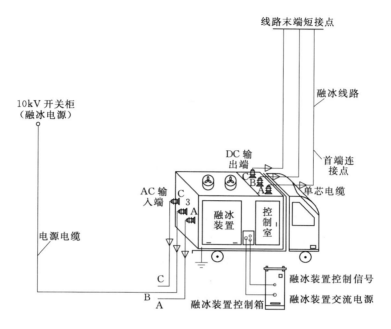

图 13-14　车载式直流融冰装置接入系统的方式（优化前）

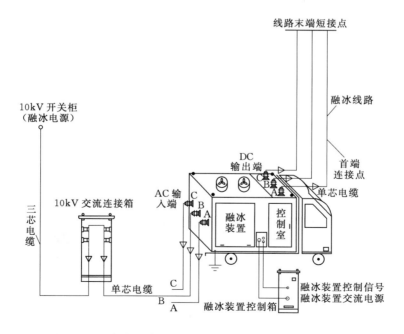

图 13-15　车载式直流融冰装置接入系统的方式（优化后）

优化后的接入方式可以将电源电缆由 70m 左右固定缩短至 10m，采用单芯电缆进行连接，可以大大减轻检修人员的劳动强度和提高工作效率。

13.3.2　关于直流切换箱和融冰交流连接箱的说明

13.3.2.1　直流切换箱

由于最初购买的车载式直流融冰装置是没有换相装置的，因此，为了提高融冰效率、降低安全风险而设计了直流切换箱。

后来车载式直流融冰装置厂家对装置进行了改进，在装置内部加装了换相装置。因此对于具有换相装置的车载式直流融冰装置而言，直流切换箱已经失去了存在的意义。

13.3.2.2　融冰交流连接箱

最初采用的是电缆分支箱的方案。但是如果一进二出的电缆分支箱（不带开关）市场价格为 2 万～3 万元。而融冰交流连接箱单价为 1.3 万元（专门订制的价格，如果批量生产则可降至 1 万元左右），则每个箱体节约近 1 万元。

另外，电缆分支箱的接头为拔插式，对电缆头的清洁程度要求较高。但是，由于车载式直流融冰装置和融冰变压器都是移动使用的，平时不与系统连接，因此如果使用电缆分支箱，则备用电缆的保存就比较困难（主要是对环境的要求较高）。采用融冰交流连接箱则不存在这样的问题，其输出侧的电缆头不用特殊保管，既可长期使用，也可临时应急使用，不会因电缆头表面积灰、脏污而发生故障。

因此最终从技术和造价方面综合考虑，选择融冰交流连接箱代替了电缆分支箱。

13.3.3　构建封闭式高压融冰母线

以融冰变压器输出为例说明如何应用融冰交流连接箱构建封闭融冰母线。融冰变压器电源侧电缆为固定式永久连接，输出端安装多个融冰交流连接箱，如图 13-16 所示，各箱体之间用高压线路连接，形成封闭融冰母线；每个融冰交流连接箱可直接输出至融冰线路，大大缩短了融冰变压器与融冰线路之间的距离。

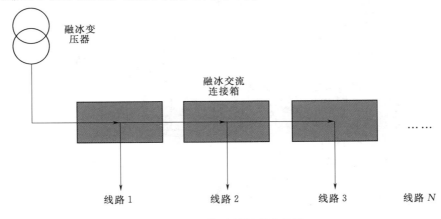

图 13-16　构建封闭融冰母线

13.3.4　实现融冰线路首端与融冰电源连接的自动化

当融冰封闭母线构建完成之后，可以在融冰母线与融冰线路之间增加一组隔离开关（该隔离开关可以是常规型隔离开关，但如果场地不足时也可以使用一种"具有融冰短路和接地切换功能的隔离开关"，专利号：ZL 2013 2 0187109.1），如图13-17所示，即可方便地将融冰电源通过隔离开关引入融冰线路，实现10kV、35kV及部分110kV线路首端与融冰电源的自动化连接（即全部采用倒闸操作的方式进行连接或拆除连接）。

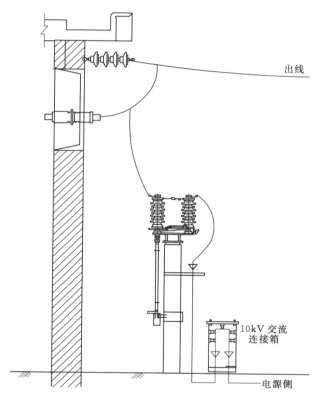

图13-17　融冰母线构建之后的接线方式

13.4　有旁路母线的融冰电源接入

当融冰装置所在变电站有旁路母线时，其融冰线路首端的接入方式就会变得十分简单，只需增加1组普通隔离开关将融冰母线与旁路母线固定连接即可。

需要说明的是，该隔离开关的电压等级必须与所连接的旁路母线的电压等级相一致，接入方式如图13-18和图13-19所示。

系统正常运行时，图中隔离开关处于分闸位置，需要对某条线路进行融冰时，只需要合上该隔离开关，再合上到某条线路的旁路隔离开关即可。

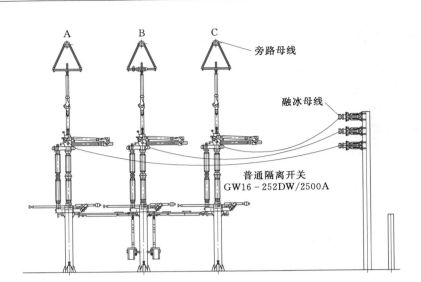

图 13-18　带旁路母线的变电站内融冰线路首端连接方式 1
（220kV 电压等级，旁路母线为管母）

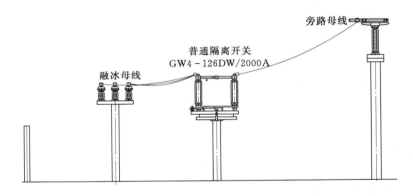

图 13-19　带旁路母线的变电站内融冰线路首端连接方式 2
（110kV 电压等级，旁路母线为管母）

第14章 融冰线路的末端优化接线

14.1 融冰线路末端短接的现状

目前融冰时需要工作人员将短接缆线吊起进行高空安装,因为融冰有大电流和通电时间的要求,对高空的接线要求更为仔细,工作量大,需要装、拆多股导线接头和高压线路的连接。

融冰线路末端三相短接主要有两种方式:一种是在线路末端变电站内出线避雷器顶端用预制好的导线人工进行短接;另一种是在线路末端1号杆(塔)上用预制好的导线人工进行短接,如图14-1~图14-5所示。

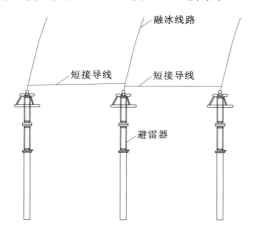

图14-1 避雷器顶端短接示意图

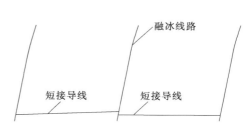

图14-2 线路末端1号杆上短接示意图

图14-3 线路末端1号杆上短接示意图

图14-4 线路末端1号杆上短接操作

图 14-5　人工短接

无论是在线路末端在雷器顶端短接，还是在线路末端 1 号杆上短接，在对线路进行融冰之前，都需要将线路操作到检修状态，工作人员办理相应的工作许可手续后方能将预制的连接导线连接到相应的位置，融冰工作完成后还需要解除连接。这种方式存在如下问题：

（1）融冰工作效率低下。

（2）运行人员操作工作量增加。

（3）检修人员增加了作业风险和行车风险。

14.2　现场有足够的安装场地时的优化方法

14.2.1　方法 1（适用于 220kV 及以上系统）

可以采用中国电力工程顾问集团西南电力设计院申请号为 201120313385.9 的专利技术来实现，即在线路末端安装一组专用融冰短路隔离开关，如图 14-6 和图 14-7 所示。

具体使用方法为：将接线端子板分别与输电线路的 A、B、C 相电气连接，系统正常运行时，隔离开关可靠保持在分闸位置；在融冰状态下需要对线路末端进行短接时，通过主隔离开关电动操作机构合上主隔离开关即可。

在系统中的接线如图 14-8 所示。

这种方法虽然可以解决融冰线路末端的三相短路连接的问题，但在改造变电站中，却往往因为没有足够的安装场地而不能使用。

14.2.2　方法 2（适用于 220kV 及以下系统）

当现场有足够的安装场地时，可采用"带融冰短路功能的隔离开关"（专利号：ZL

2012 2 0115423.4，授权日期：2012 年 10 月 3 日）来解决融冰线路末端的三相短路连接问题。

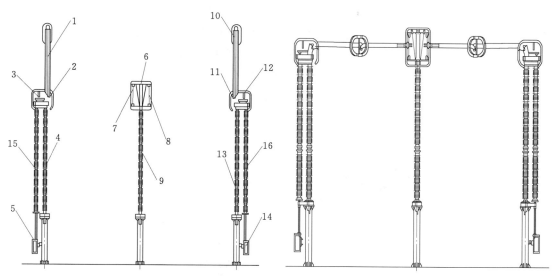

图 14-6 专用融冰短路隔离开关（分闸）
1、10—主刀闸；2、11—动触头；3、6、12—接线
端子板；4、9、13—绝缘瓷瓶；5、14—主刀闸
电动操作机构；7、8—静触头；
15、16—操作瓷瓶

图 14-7 专用融冰短路隔离开关（合闸）

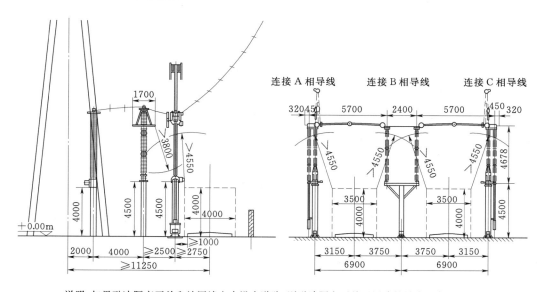

说明：如果融冰隔离开关和站围墙之内没有道路，则融冰隔离开关至围墙的最小距离为 900。

（a）主视图 　　　　　　　　　　（b）侧视图

图 14-8 专用融冰短路隔离开关接线断面图（以 500kV 为例，单位：mm）

结合图 14-9 介绍其原理如下：带融冰短路功能的隔离开关包括两个垂直支架，其特征在于：在每个垂直支架上都设有操作机构，在操作机构的顶部连接有垂直连杆，在垂直连杆的顶部设有水平支架，在水平支架上设有双柱水平旋转隔离开关，在双柱水平旋转隔离开关的一侧设有三个对应的绝缘子，在绝缘子的底部设有传动连杆 A，传动连杆 A 与垂直连杆接触，在绝缘子的底部设有传动连杆 B，在绝缘子的顶部设有导电杆动触头，在双柱水平旋转隔离开关靠近绝缘子的线路侧绝缘子接线座处设有导电杆静触头；在绝缘子顶部设有接线柱，在接线柱之间设有短接导体。

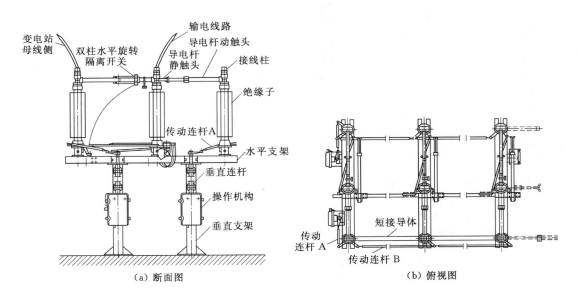

图 14-9　带融冰短路功能的隔离开关

在具体使用中，将本隔离开关安装到待融冰线路的末端：一端连接到变电站母线侧，另一端连接到输电线路，将隔离开关的融冰短路组件操作到分闸位置，即可按照原有隔离开关的常规模式正常运行；当需要将线路进行短路时，只需拉开隔离开关后，再合上隔离开关融冰短路组件即可完成输电线路的三相短路连接。

14.2.3　方法 2（适用于 110kV 及以上系统）

在线路末端变电站出线隔离开关外侧安装"具有融冰跨越连接功能的隔离开关"，稍作变化即可实现线路末端的三相短接。其原理为：将"具有融冰跨越连接功能的隔离开关"下端三相进行固定短接，隔离开关上端分别与融冰线路末端的 A、B、C 相连接。如图 14-10 和图 14-11 所示。

系统正常正常运行时，隔离开关处于分闸位置；需要融冰短接时，只需要合上隔离开关即可。

这种隔离开关存在的不足是：受到下端固定短接导体位置的限制，它只能够安装到线路末端出线间隔靠围墙侧（不能安装到 500kV 串内跨越相间道路的地方）。

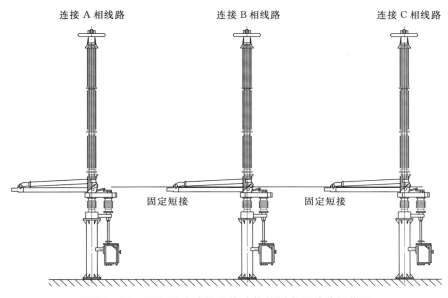

图 14-10 具有融冰跨越连接功能的隔离开关分闸位置

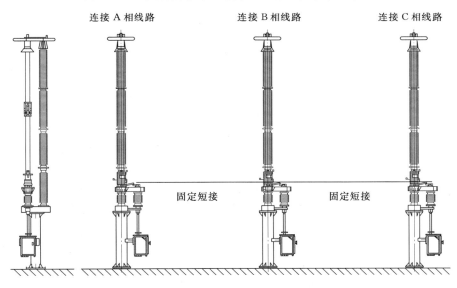

图 14-11 具有融冰跨越连接功能的隔离开关合闸位置

14.2.4 方法 3（适用于 110kV 及以上系统）

采用"直流融冰线路短接专用共静触头隔离开关"（专利权人：中国电力工程顾问集团西南电力设计院，申请号：2011203133859，授权日期：2012 年 4 月 25 日），实际上是采用了双静触头水平伸缩式隔离开关的 1 相，该相隔离开关的上端分别与线路的三相对应连接，正常运行时必须处于分闸位置。其结构如图 14-12 和图 14-13 所示。

系统正常正常运行时，隔离开关处于分闸位置；需要融冰短接时，只需要合上隔离开关即可。

143

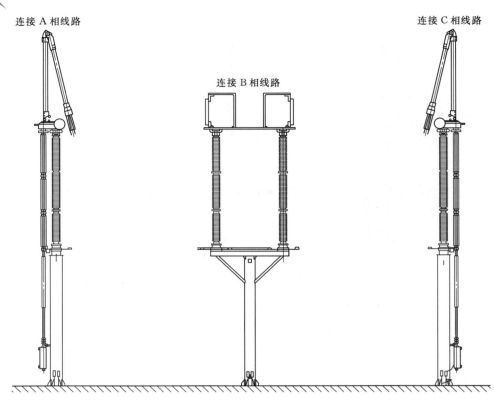

图 14 - 12　直流融冰线路短接专用共静触头隔离开关分闸位置

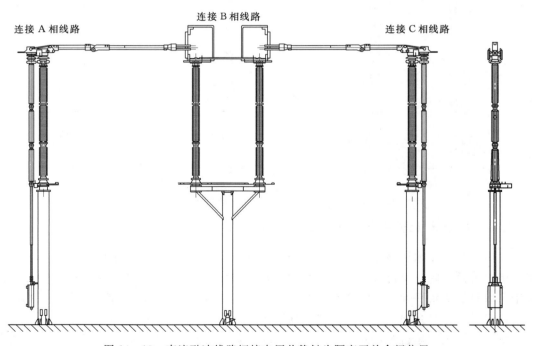

图 14 - 13　直流融冰线路短接专用共静触头隔离开关合闸位置

14.3 现场安装场地不足时的优化方法

14.3.1 方法1（适用于110kV及以上系统）

在线路末端变电站出线侧避雷器的位置上安装"带防雷功能的融冰隔离开关"（专利号：ZL 2012 2 0299930.8，授权日期：2013年3月13日）。将隔离开关上端与线路连接，下端三相固定短接即可，如图14-14和图14-15所示。

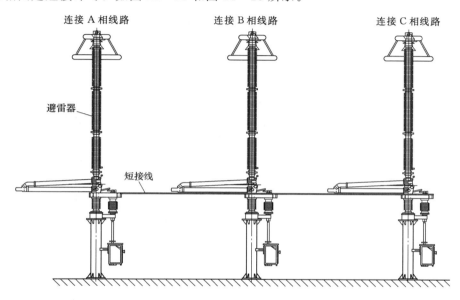

图 14-14　带防雷功能的融冰隔离开关分闸位置

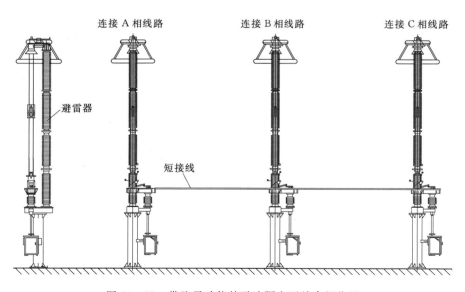

图 14-15　带防雷功能的融冰隔离开关合闸位置

带防雷功能的融冰隔离开关是以"防雷型高压支柱绝缘子"（专利号：ZL 2013 2 0715915.1，授权日期：2014 年 4 月 9 日）专利技术为基础的。系统正常运行时，隔离开关的三相分别与线路的三相对应连接，隔离开关处于分闸位置，此时的隔离开关作为一组正常的避雷器运行；当需要进行融冰短接时，只需要合上隔离开关即可，此时的隔离开关仅作为融冰隔离开关运行（相比运行电压如 $500/\sqrt{3}$kV 而言，避雷器在 10kV 左右融冰电压下的泄漏电流可以忽略不计）。其优点是通用性强（可适用于 110kV 及以上电压等级的系统中，有出线避雷器的地方），易推广。缺点是造价较高，对避雷器（兼作支柱绝缘子）的要求较高。

14.3.2　方法 2（适用于 220kV 及以下电压等级）

对于部分没有安装场地（连出线避雷器都没有）的变电站，还可以采用"具有融冰短路和接地切换功能的隔离开关"（专利号：ZL 2013 2 0187109.1）

结合图 14－16 介绍其原理为：具有融冰短路和接地切换功能的隔离开关包括垂直支架，在垂直支架上设有操作机构 I 及操作机构 II，在操作机构 I 上连接有垂直连杆，在垂直支架的顶部设有水平支架，在水平支架上设有绝缘支撑架，在绝缘支撑架上设有水平导电连杆，在水平导电连杆上设有接线座，接线座通过铝排与单极接地开关连接，单极接地开关的接地端通过铝排与水平支架连接，单极接地开关的底部与垂直连杆的顶部连接；在平支架上设有支柱绝缘子，在支柱绝缘子的顶部设有隔离开关主开关触头，在隔离开关主刀闸触头上设有静触头座；垂直导电杆通过导电连接线夹固定在水平导电连杆上，水平导电杆通过绝缘水平连杆与操作机构 II 连接。

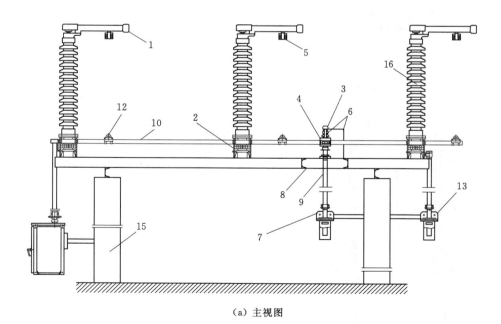

（a）主视图

图 14－16（一）　具有融冰短路和接地切换功能的隔离开关

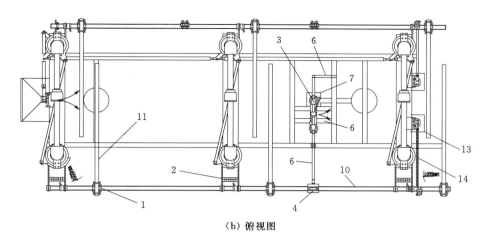

（b）俯视图

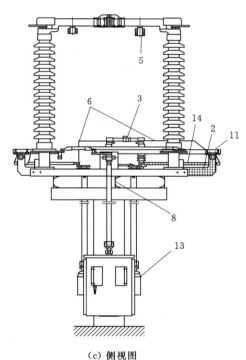

（c）侧视图

图 14-16（二） 具有融冰短路和接地切换功能的隔离开关

1—主开关触头；2—绝缘支撑架；3—单极接地开关；4—接线座；5—静触头座；6—铝排；7—操作机构Ⅰ；
8—水平支架；9—垂直连杆；10—水平导电连杆；11—垂直导电杆；12—导电连接线夹；
13—操作机构Ⅱ；14—绝缘水平连杆；15—垂直支架；16—支柱绝缘子

　　绝缘支撑架起到将水平导电连杆与水平支架相互隔离的作用，以达到要求的绝缘水平。

　　操作机构Ⅰ可为手动机构或电动机构，当操作机构Ⅰ带动垂直连杆旋转时，同时带动单极接地开关其中一个绝缘子转动，经单极接地开关极柱间连杆互动，使两绝缘子旋转，

从而实现单极接地开关的分、合闸操作。

由水平导电杆、垂直导电杆及绝缘水平连杆组成了"短路和接地"开关，操作机构 Ⅱ 可为手动机构或电动机构，操作机构 Ⅱ 是"短路和接地"开关实现运动和完成分、合闸操作的动力来源：当操作机构 Ⅱ 带动垂直连杆旋转时，同时带动水平绝缘连杆运动，这样，与之连接的水平导电杆也同时旋转，通过旋转带动三相的垂直导电杆运动，从而实现"短路和接地"开关的分、合闸操作。

实现"短路和接地"功能的切换具体步骤如下：

（1）短路功能。第一步，拉开单极接地开关（由合到分）；第二步，合上"短路和接地"开关（由分到合）。

（2）接地功能。第一步，合上单极接地开关（由分到合）；第二步，合上"短路和接地"开关（由分到合）。

在具体使用中，将该设备安装在融冰线路的末端，"短路和接地"功能的接地开关布置到靠融冰线路侧。将隔离开关的单极接地开关操作到合闸位置，即可按照原有双柱水平旋转隔离开关的常规模式正常运行，实现带电运行或者线路侧检修接地方式；当需要将线路进行短路时，只需拉开隔离开关，然后拉开单极接地开关后，再合上隔离开关"短路和接地"刀闸即可完成输电线路的三相短路连接。

这种隔离开关的优点是不需要新的安装场地和空间，简单方便；其缺点是受到操作方式的限制，融冰电流一般不能大于 2000A（推荐 1500A）。

14.3.3　方法 3（适用于 110kV 及以上系统）

采用"多功能隔离开关"（专利号：ZL 2013 2 0876322.3，授权日期：2014 年 4 月 9 日）专利技术。

多功能隔离开关结构如图 14 - 17 和图 14 - 18 所示，两个操作瓷瓶与 3 个防雷型高压

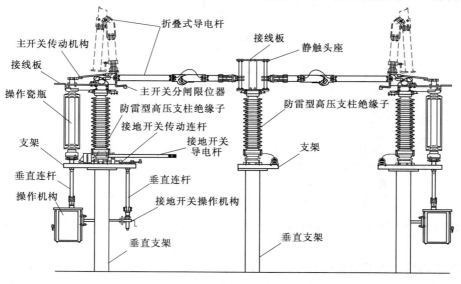

图 14 - 17　隔离开关主视图（合闸位置）

支柱绝缘子成一字形顺序排列。其中操作瓷瓶和防雷型高压支柱绝缘子的顶端设置有两个折叠式导电杆，处于中间的防雷型高压支柱绝缘子的顶端设置有静触头座。两个折叠式导电杆设置有主开关传动机构，主开关传动机构与操作瓷瓶连接，操作瓷瓶与垂直连杆连接，垂直连杆与主开关操作机构连接。

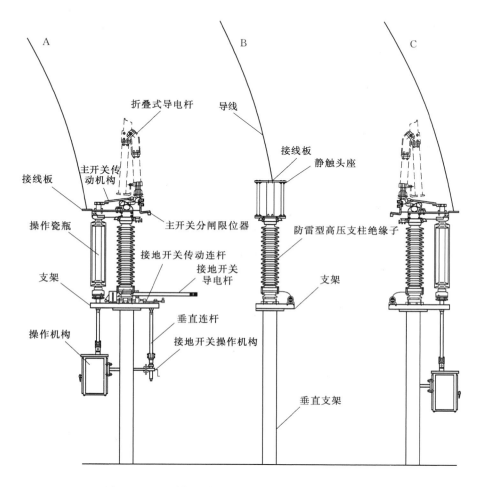

图 14-18 隔离开关与系统连接示意图（分闸位置）

整组隔离开关为单相结构，操作瓷瓶与防雷型高压支柱绝缘子的高度应满足隔离开关安装处高压线路的对地绝缘水平。两个折叠式导电杆的长度满足当其均伸展开时，能够与静触头座有可靠的电气接触。当折叠式导电杆处于折叠状态时，其与静触头座应有足够的电气绝缘距离，该绝缘距离与隔离开关安装处高压线路的相间绝缘水平相同。接地开关导电杆与接地开关传动连杆连接，接地开关传动连杆与垂直连杆连接，垂直连杆与接地开关操作机构连接。3 个接线板分别与输电线路的 A、B、C 相通过导线电气连接。仅在与线路 A 相或 C 相连接的防雷型高压支柱绝缘子旁边设置一把单接地刀闸。操作瓷瓶、防雷型高压支柱绝缘子及其部件全部安装在支架上，支架及主开关操作机构、接地开关操作机构安装在垂直支架上。在与线路 A 相或 C 相连接的防雷型高压支柱绝缘子上端设有主接地开关分闸限位器，在支架上设有接地开关分闸限位器。主开关操作机构一般为电动操作机构，接地开关操作机构一般为手力操作机构。主开关操作机构是操作隔离开关实现运动完成分、合闸操作的动力来源。当主开关操作机构带动垂直连杆和操作瓷瓶旋转，主开关传动机构带动导电杆动触头伸缩，从而实现隔离开关的分、合闸操作。接地开关操作机构是操作接地刀闸实现运动完成分、合闸操作的动力来源。接地开关操作机构带动垂直连杆旋转，接地开关传动机构带动接地开关导电杆运动，从而实现接地开关的分、合闸操作。

使用时，高压输电线路的 A、B、C 相分别与接线端子可靠连接。

多功能隔离开关的主要用途如下：

（1）作为避雷器使用。主刀操作机构带动垂直连杆和操作瓷瓶旋转，主开关传动机构带动导电杆动触头收缩，使主开关处于分闸位置；接地开关操作机构带动垂直连杆旋转，接地开关传动机构带动接地开关导电杆运动，使接地开关处于分闸位置。此时隔离开关仅具有普通避雷器的功能。

（2）作为融冰短路隔离开关使用。当隔离开关所连接的高压线路停电并转到冷备用状态后，主开关操作机构带动垂直连杆和操作瓷瓶旋转，主开关传动机构带动导电杆动触头展开，使主开关处于合闸位置；接地开关保持在分闸位置。这样就将高压线路三相短路（但不接地），此时具有融冰短路的功能。

（3）作为接地开关使用。当隔离开关所连接的高压线路停电并转到冷备用状态后，主开关操作机构带动垂直连杆和操作瓷瓶旋转，主开关传动机构带动导电杆动触头展开，使主开关处于合闸位置；再将接地开关操作到合闸位置。这样就将高压线路三相短路并接地，此时具有接地开关的功能。

多功能隔离开关集合了所有融冰专用隔离开关的优点，但目前还没有在现在得到实际应用。

14.4　融冰电源侧（首端）作为融冰线路末端时的优化方法

当一条融冰线路两侧都有融冰装置时，则该线路两侧的变电站既可能成为融冰线路的首端，也可能成为融冰线路的末端。例如：融冰线路为 500kV 鸭福线时，该线路的两侧（都匀供电局所属 500kV 福泉变和遵义供电局所属 500kV 鸭溪变）都有固定式直流融冰装置。

因此福泉变和鸭溪变都有可能成为融冰线路末端，在这种情况下，可在融冰管母上加装一组普通 GW4 - 40.5 型隔离开关即可实现线路末端三相的自动快速短接和恢复，此方法十分简单经济。但应注意，应用该技术的前提条件是融冰线路两侧作为首端的融冰隔离开关均已安装完毕。

在融冰母线旁边安装一组 GW4 - 40.5 型隔离开关，该隔离开关的一端三相分别与融冰母线连接，另一端用铜排实现三相短接（不接地），如图 14 - 19 所示。

应用该技术后，融冰系统回路接线示意图如图 14 - 20 所示。

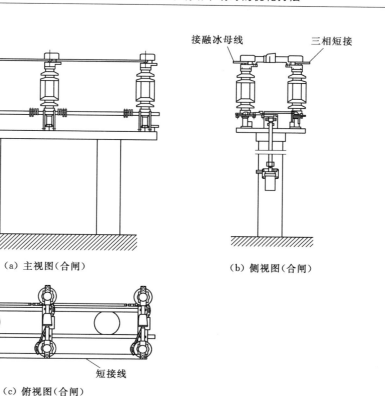

（a）主视图（合闸）   （b）侧视图（合闸）

（c）俯视图（合闸）

图 14-19 融冰线路首端作为融冰线路末端时短接示意图

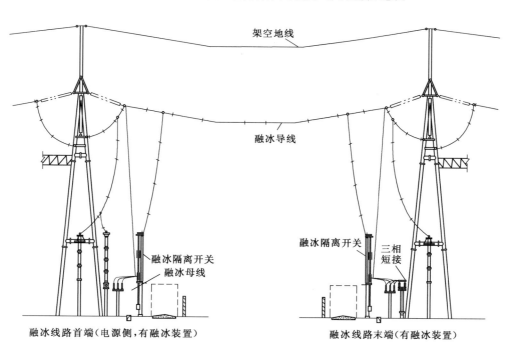

图 14-20 融冰线路首端作为融冰线路末端时的融冰回路图

14.5　其他短接方式

14.5.1　方法 1（适用于 500kV 及以下系统）

14.5.1.1　原理介绍

　　在融冰线路末端，当融冰短路隔离开关还没有安装之前，还可采用其他技术来进行相对快速的短路连接，在此指导思想下，由贵州电网输电运行检修分公司发明了"一种输电线路直流融冰快速短接装置"（专利号：ZL201120519739.5）。

　　该输电线路直流融冰快速短接装置主要由可正反转棘轮扳手、锁紧力调节杆、导电铜弹片、导电组合铜套膜、金属上夹块、金属下夹块、搭接导线等几个部分组成互为连接关系的整体结构，如图 14-21 所示。

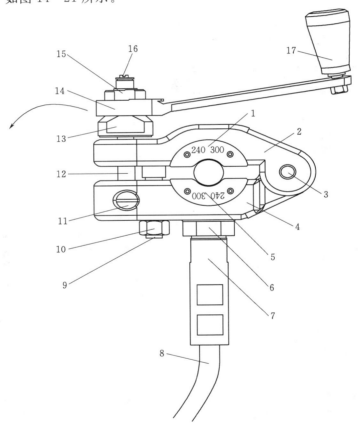

图 14-21　快速融冰装置整体结构

1—铜夹模上；2—铝夹块上；3—夹块铰链；4—铝夹块下；5—铜夹模下；6—止退螺母；

7—导线接线柱；8—导线；9—夹持力调节杆；10—调节杆锁紧螺母；11—拉杆铰链；

12—拉杆；13—夹块锁紧螺母；14—棘轮扳手；15—压紧螺母；

16—防脱螺钉；17—摇把

其中，搭接导线两头分别都有快速线夹，用于两根高压线路的短接。短接导线与金属线夹之间采用压接方式，快速线夹为实用新型创新，用于快速短接架空线路。主体部分采用轻质、电阻小且通流量大的金属铝，总体重量不大于 3kg，棘轮扳手方便操作人员快速拧紧线夹，锁紧力调节杆用来控制线夹与线缆的压力，防止压力过大损坏导线表面，通过该金属线夹的应用可以大幅缩短操作人员的操作时间。总体接头具有容易安装和拆卸、接头电阻小、能够适应 $240\sim630mm^2$ 的线缆、不伤导线、通流量大的优点。快速线夹结构如图 14 - 22 所示。

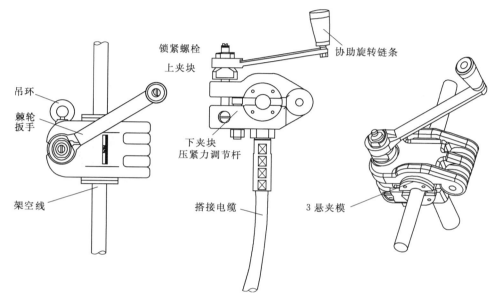

图 14 - 22　快速线夹结构

输电线路与线夹主体结构的过渡结构采用铍铜为材料的夹块，保证金属线夹与导线的最大面积接触以及最小接触电阻，同时通过锁紧螺栓调节线夹与导线间的压力，确保线夹不会压伤导线。铍铜夹块结构如图 14 - 23 所示。

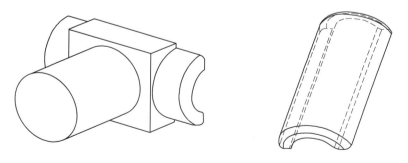

图 14 - 23　铍铜夹块结构

夹块中间根据所需融冰导线的尺寸选择铍铜套膜的组合形式，保证导线与金属线夹的最大接触面接和最小接触电阻。自适应铜套模如图 14 - 24 所示。

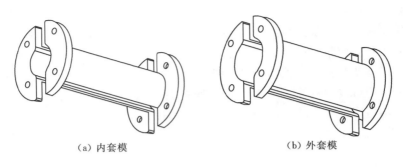

（a）内套模　　　　　　　　　（b）外套模

图 14-24　自适应铜套模

装置通过活动铜套模来配合各种规格导线，最大限度地增加与各种规格导线的接触面积，保证通流，同时不夹伤导线。装置内部的多层套模如图 14-25 所示。

图 14-25　装置内部的多层套模

夹块能沿着导线的法线方向能张开达 180°，并且夹块本体上下对称。

短接导线选用截面积为 185mm^2 的大电流铜导线，柔软、通流量大、表面无绝缘层，重量不大于 1.5kg/m，通流量不小于 1200A，软铜线缆长度设计为 15m，总体重量不大于 35kg，满足需求并能方便操作。

14.5.1.2　现场挂网运行试验

为检验传统融冰短接装置与新型融冰短接装置在使用过程中的具体时效差别和高空作业人力差别，贵州电网运检分公司于 2011 年 11 月 19 日对该直流融冰快速短接装置实际操作效果与传统融冰接线方法进行了对比试验，试验地点为贵阳 500kV 安青 Ⅱ 回线铁塔，试验方式为对比试验，即塔的一边用传统方法进行融冰短接，另一边用新型直流融冰快速短接装置进行操作，分为两组操作人员同时试验。

新型融冰短接装置的整体操作方案为：将架空导线的两端用缆绳捆绑后采用提升装置进行提升，提升到位后，由其上操作人员手动将金属线夹快速固定到导线上，如图 14-26～图 14-29 所示。

省略所用时间相同的上下塔操作部分以及地面准备工作，主要时间存在差别的步骤的现场作业效率对比见表 14-1。

图 14-26　500kV 安青Ⅱ回线铁塔作业准备　　图 14-27　500kV 安青Ⅱ回线铁塔作业准备

图 14-28　融冰作业现场吊装融冰短接装置

（a）传统方法　　　　　　　　　　　（b）新方法

图 14-29　融冰作业安装融冰短接装置现场对比

在实际作业过程中，运用此新型融冰短接工具可使作业人数减少一半，高空线上作业时间减小一半以上，在作业人员中取得广泛好评。

此直流短接装置完全满足了设计需求，并且随着现场人员对新设备使用的熟练程度增加，快速短接装置的安装时间也将进一步缩短。而且从工作的繁琐性来看，传统设备在现

表 14 - 1　　　　　　　　　　　　　　　　现场作业效率对比表

项　　目	第一组（传统方法）	第二组（新方法）	节省时间人力
高空作业人数	边相 2 人，中相 4 人，合计 8 人	边相 1 人，中相 2 人，合计 4 人	一半人力
携带吊绳至高空作业点时间/min	16	6	10
安装短接线时间/min	20	5	15
拆除短接线时间/min	19	10	9
合计时间/min	55	21	24

注　时间数据摘自贵州电网输电运行检修分公司现场记录。

场安装时候，需携带工具包高空作业，每一个接头要带 6 个螺栓，容易出现少带螺栓，高空作业负重，甚至螺栓从高空坠落等情况，新型短接装置能让电力工作人员在现场工作环境下更快捷地进行作业，并能解决原有依赖相对复杂的高空操作和有限的作业手段难以解决的融冰技术操作问题。

14.5.1.3　装置存在的问题及改进

经贵州电网输电运行检修分公司现场对融冰短接线进行试验后，在使用过程中发现装置需要继续改进的地方如下：

（1）融冰线缆金属线套还要加密，以免运输过程中发生融冰线缆散股，断股的现象。

（2）每根线缆搭配能够单人背负的大包，用于方便每根线缆及其配件的运输。

（3）接头上的悬挂环实际吊装中可以不用。

（4）接头上铍铜片附加上标号与使用说明，以便根据不同的线缆进行选择组装。

（5）将扳手上现有的手链改装为手握摇柄。

（6）在保证安全的前提下，减轻接线头重量。

（7）在使用过程中发现由于装置的螺杆过长导致现场高强度使用中出现变形、压弯的情况（图 14 - 30），影响再次使用，螺杆强度和工艺需要加强，而且螺杆的螺纹过浅导致装置的上下夹块没有被旋紧螺杆完全固定住，建议改进，改进如下：

图 14 - 30　螺杆发生变形、压弯的情况

（1）融冰线缆金属护套网已经加密一倍，在使用过程中不会出现破网、散股的情况。

（2）对每一套融冰装置都配一个大帆布包进行包装。

（3）去除悬挂环，减少体积和重量。

（4）已对每个铜片套标上适用的架空线路线径范围，以便安装时更加直观。铜片套膜将设置 4 种使用的架空线路线径范围，分别为 240mm²、300mm²、400mm²、500mm²。

（5）将原有手链改装为手握摇柄。以往在融冰短接装置扳手把手安装金属手链，在实际操作中发现，链条运输过程中容易打结，安装时链条下垂不易握住，使用链条拉住把手进行安装时也不方便旋转。因此，将原有手链改装为手握摇柄，能较好地解决上述问题，使安装更加迅速，更易上手，经实际操作普遍反映良好。

（6）进一步改小融冰短接装置接头零件尺寸，减轻重量 0.5kg/个。将以往融冰短接装置的厚度进行削薄，闭合处经加筋、抛光等工艺处理，使融冰短接装置重量更轻，结构更加牢靠，机械强度大幅增加，外观也比以往更加美观。经测量改进后的整体装置厚度减少约 9mm，重量也进一步变轻。经过以上改进，快速融冰短接装置夹具部分重量整体减少了 1kg 作右。

（7）融冰短接装置旋紧螺杆将在以前基础上更短更粗，工艺强度更不易压折、压弯，而针对以往上下夹块没有被旋紧螺杆完全固定的情况，改进加工的螺杆螺纹有所加深，保证上下夹块能完全闭合于压紧力调节杆的螺母处。

接头改进前后对比如图 14-31 所示。

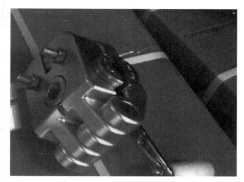

（a）改进前　　　　　　　　　　　　　　（b）改进后

图 14-31　改进前后对比

（8）原有通流用的纯铜线缆过长（15m），减少至 13.5m，整体重量减小 1.5kg。

除上述改进点以外，为了继续减轻装置的整体重量，针对 220kV 架空线与 500kV 架空线通直流电大小不同（500kV 架空线每根通流不大于 1200A，500kV 架空线单根通流不大于 900A），电流在融冰装置的通流能力和重量也做出如下改进：

（1）通流纯铜线缆与 500kV 架空线融冰装置所用截面积为的 240mm² 铜线缆不同，改用截面积为 185mm² 的铜线缆。

（2）通流纯铜线缆长度由 15m 减小为 9.5m。

经上述改进，220kV 架空线所用的快速融冰短接装置重量整体减少了 9kg 左右。

14.5.1.4　装置使用安装操作

1. 装置组装

（1）将导线接线柱插入金属线夹的连接孔内，顺时针方向旋入至金属线夹末端，如图

14 - 32 所示。

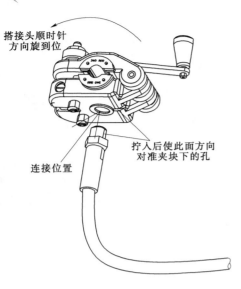

图 14 - 32　导线连接孔插入连接孔

（2）调整导线接线柱，确保接线柱上标识位置与金属线夹下夹块豁口位置对齐，用 3 号内六角扳手拧紧止退螺钉，如图 14 - 33 所示。

（3）使用 32 号开口或活动扳手顺时针方向拧紧导线接线柱上的止退螺母，如图 14 - 34 所示。

（4）安装完成。

2. 装置与架空铝绞线的安装

（1）松开夹块锁紧螺母，如图 14 - 35 所示。

（2）锁紧螺母旋转到位后，向下旋转拉杆及拉杆上的所有附件，如图 14 - 36 所示。

（3）打开上夹块及安装在上面的附件，如图 14 - 37 所示。

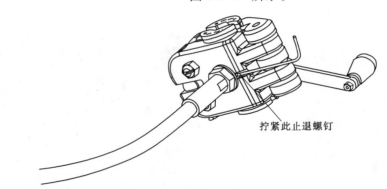

图 14 - 33　拧紧止退螺钉

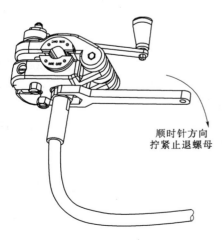

图 14 - 34　拧紧止退螺母

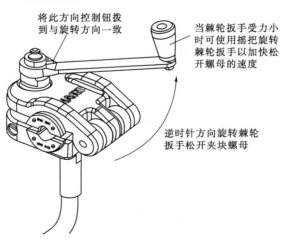

图 14 - 35　松开夹块锁紧螺母

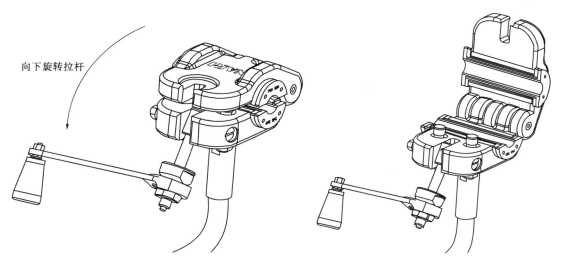

图 14-36 向下旋转接杆　　　　　图 14-37 打开上夹块

（4）根据不同的架空线截面，选用相应的夹模规格（规格请参考夹模上的雕刻数字），如图 14-38 所示。

（5）合上上下夹块，夹住架空线，如图 14-39 所示。

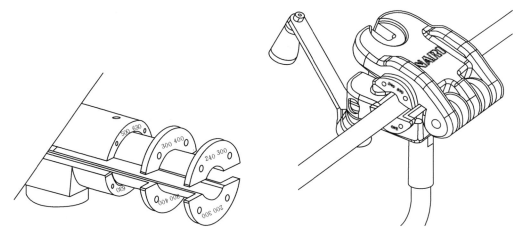

图 14-38 选用夹模规格　　　　　图 14-39 合上上下夹块

（6）将拉杆及其上面的附件向上旋起，将锁紧螺母正好放在上夹块的圆形下沉槽中，如图 14-40 所示。

（7）锁紧上下夹块，如图 14-41 所示。

（8）安装完成。

14.5.1.5 小结

目前的融冰作业采用的有效方式是直流短接融冰方式，作业过程中需要工作人员将短接缆线吊起进行高空安装。传统设备在现场安装的时候携带工具繁杂，比如每一个接头要带 6 个螺栓，容易出现少带螺栓，高空作业负重，甚至螺栓从高空坠落等情况，短接导线

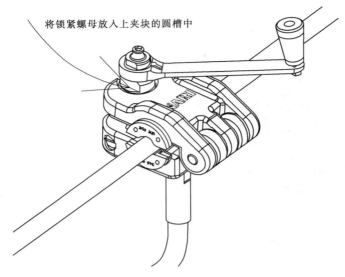

将锁紧螺母放入上夹块的圆槽中

图 14-40　将锁紧螺母放入上夹块的圆槽中

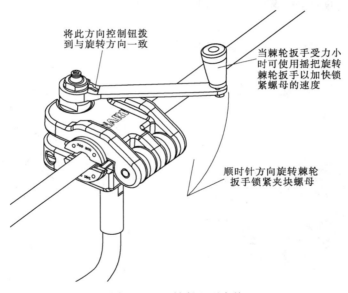

将此方向控制钮拨
到与旋转方向一致

当棘轮扳手受力小
时可使用摇把旋转
棘轮扳手以加快锁
紧螺母的速度

顺时针方向旋转棘轮
扳手锁紧夹块螺母

图 14-41　锁紧上下夹块

的收、放和固定也费时较多，工作人员容易发生疲劳，所以电网公司要求尽量减少融冰作业时间，要求安装操作即使在架空线摆动时也能正常进行，并且操作方便省力、时间短、安全性高。直流融冰装置的时间性要求对融冰短接装置线缆的材质和粗细的选择，以及导线接头的接触面提出限制，融冰快速短接装置能在线路融冰作业中大幅提高作业安全性、质量和效率，新型短接装置能让电力工作人员在现场工作环境下更快捷地进行作业，并能解决原有的依赖相对复杂的高空操作和有限的作业手段难以解决的融冰技术操作问题。从实际工程实施效用来看，此直流短接装置的在大电流下的温升情况、在户外环境中不会对导线造成影响，完全满足了设计需求，并且安装快速短接装置的时间和工作强度也大大降低。随着现场人员对新设备的使用更加熟练，快速短接装置的安装时间也将进一步缩短。

融冰快速短接装置的工艺设计和材质选用也为其他高空作业的器具和作业方案提供了改进的参照，可广泛提高此类作业工具的开发效率，降低器具成本，获得良好的经济与社会效益。

14.5.2 方法 2（适用于 35kV 及以下系统）

从理论上来说，方法 1 能够适用于所有 500kV 及以下线路的融冰短接工作。但是在实际工作中，由于其普及程度不够，应用范围还不太大，因此在一些 10kV 和 35kV 电网中，专业技术人员根据其融冰电流较小的特点，开发出一种"适用于电力 10kV 及 35kV 线路的融冰线缆挂接装置"（贵州电网瓮安供电局，发明人犹永开）。

近年来，由于自然环境的遭到破坏，导致极端气候的经常出现，尤其南方城市，冬季常有凝冻天气出现，容易引起电力线路覆冰，覆冰会引起电力线路倒杆断线，造成电网大面积停电或引起电网瓦解。最严重的一次为 2008 年南方地区的大面积凝冻，甚至引起了贵州电网部分瓦解，造成不可估量的损失。于是，各种融冰措施应运而生，500kV 线路采用直流融冰装置。对于 35kV 及 10kV 的线路，通常采用融冰变压器对线路进行三相交流短路融冰的方法。

采用融冰变压器进行融冰时，需先将待融冰线路转为检修状态，在融冰过程中，工作人员要先登杆验明确无电压，再在工作地段两端装设封闭性短路接地线，之后中间工作人员才能上杆装设融冰短接线或融冰电缆线，其从工作许可到开始融冰需要近 3h，在融冰电缆或短接线装设完下杆后，工作地段两端工作人员又要上杆拆出短路接地线，在融冰工作结束后还要重复上述操作。因此线路短路接地至少需要 6 名技能人员，融冰电缆连接至少需要 6 名技能工人。同时，在每个工作地点，冬季杆塔四周也会覆冰，加大了登杆难度，繁琐的攀塔工作花费了大量宝贵的时间，使得灾情短时无法得到控制；且在工作中因交替登杆需要 12 名技能人员同时参与工作，大大降低了工作效率。

适用于电力 10kV 及 35kV 线路的融冰线缆挂接装置的内部结构如图 14 - 42 所示。

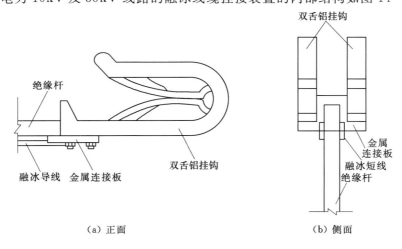

（a）正面　　　　　　　　　　（b）侧面

图 14 - 42　内部结构示意图

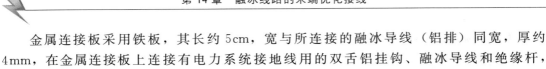

　　金属连接板采用铁板，其长约 5cm，宽与所连接的融冰导线（铝排）同宽，厚约 4mm，在金属连接板上连接有电力系统接地线用的双舌铝挂钩、融冰导线和绝缘杆，双舌铝挂钩的数量为 2 个，用螺丝固定，2 个双舌铝挂钩之间有 4～8cm 的间距，优选 5cm，绝缘杆连接在两双舌铝挂钩之间，融冰导线（铝排）连接在金属连接板的另一面，绝缘杆的连接方式是将操作铁拉头焊接在铁板上，使用时将其绝缘杆连接在铁拉头上即可。

　　使用方法如下：

　　（1）对于线路短接线的挂接。一般配电线路融冰电流在 500A 以下，用两节截面积为 120mm^2、长 2m 的软铜导线，两端用铜接线端子压接，分别固定在三套组合工具的铝排上形成短接，将铜线一头靠在待融线路电杆上顺势向上，然后从下端对接下一节绝缘操作杆，由于有电杆的支持，绝缘操作杆无需承受太多重量。三相加长到足够长度后，将绝缘操作杆离开电杆直立，由于是竖直方向受力，因此绝操作杆不会出现折断的情况，最后将三相挂钩同时挂接到待融线路上，完成短接线的挂接。

　　（2）对于融冰变压器出线的挂接。电压出线选择相电压为 10kV 的高压绝缘线，绝缘等级能完全满足要求，绝缘线本身的重量也远远比电缆轻。将分相的绝缘线用铝接线端子和螺丝紧固到铝排上，将绝缘操作杆先对接到足够的长度，再将绝缘线顺着操作杆方向拉直，最后紧贴操作杆，并用塑料扎带将其绑扎在操作杆上。在距手握部分 2m 远的地方把绝缘线分开，远离工作人员，有高压绝缘线的助力，很好地增强了绝缘操作杆的机械强度，同时也很好地改善了绝缘操作杆晃动的问题。在三相分别按照上述方法接好以后，将操作杆竖立，直接挂接到待融线路上，向下拉紧，使其接触面接触良好，完成对融冰变压器出线的搭接。

　　（3）对于线路验电。在原绝缘操作杆铁挂钩头上加工出螺纹，将验电器拧入固定，绝缘操作杆将验电器送上线路验电，若线路带电，就能清楚地看见验电器闪光，能清晰地听见验电器报警，很好地解决了登杆验电带来的不安全因素，同时验电的绝缘杆还有另一个用途，在原绝缘操作杆铁挂钩头上加工一个导钓，当导线结冰时，用导钓挂在装接融冰电缆或短接线处，轻轻拉动就能将融冰处的覆冰除去，使融冰短接线和融冰电缆与导线接触良好。

14.6　架空地线融冰的接线优化

　　目前，由于架空地线融冰在现场使用得很少，其接线方式主要依靠人工连接，自动化的连接方式研究得比较少。中国南方电网有限责任公司超高压输电公司的专利"一种地线融冰自动接线装置"较完美地解决了架空地线的融冰接线难题。

　　极端气候条件下的输电线路，尤其是我国某些高寒山区的输电线路，一到冬季往往覆冰严重。输电导线、地线上的不均匀覆冰所产生的纵向不平衡张力会导致铁塔往张力大的一侧发生倾斜或弯曲，当超过设计承受能力时，就会发生输电导线、地线的断裂和金具脱落等，严重的会导致铁塔倒塌。另外，由于铁塔上架空地线不像输电导线可通过负荷电流产生的热能抵御部分冰冻，其覆冰厚度一般远远超过输电导线。

　　目前，国内地线融冰装置的相关资料还较少。近年有单位研发出地线融冰的装置，但其所研制的地线融冰装置需在融冰前人工上铁塔在地线上缠漆包线引流，尽管近几年国内已相继研制出了不同形式的地线融冰装置，但在实际应用中仍需施工人员上塔，由人工操作融冰绝缘操作杆将电缆线与输电导线的合流线夹和地线相连，操作难度大，危险程度高；尤其是在冰雪天气下，塔高较高的输电线路地线融冰操作更为困难和危险。

14.6.1　装置介绍

　　"一种地线融冰自动接线装置"引铁塔输电导线的电流用于铁塔地线融冰，其目的是解决输电线路工程铁塔地线融冰不能自动接线的问题，还可同时解决接线操作困难、危险程度高、受恶劣天气影响的问题。装置结构如图 14-43 所示。

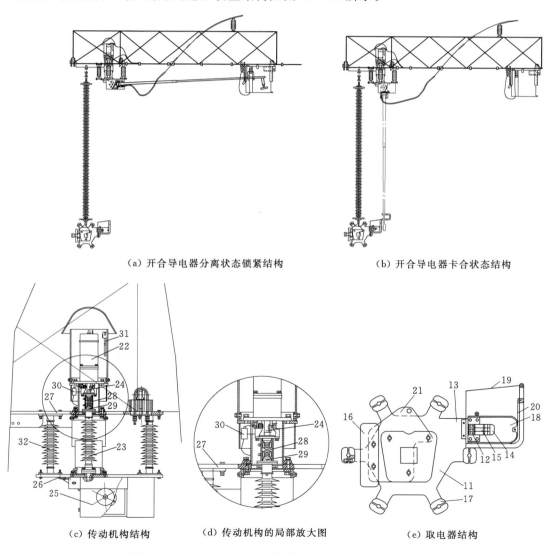

(a) 开合导电器分离状态锁紧结构　　　　　　(b) 开合导电器卡合状态结构

(c) 传动机构结构　　(d) 传动机构的局部放大图　　(e) 取电器结构

图 14-43（一）　"一种地线融冰自动接线装置"结构

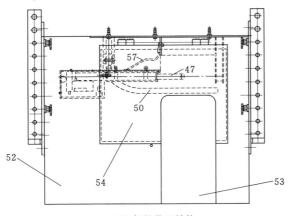

（f）保护装置结构

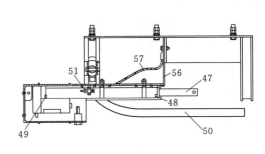

（g）去除保护罩的结构

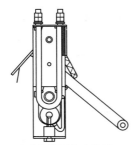

（h）去除保护罩的右视图

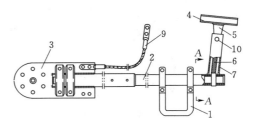

（i）开合导电器的结构

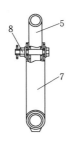

（f）开合导电器的结构中 A - A 向剖视图

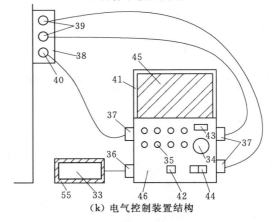

（k）电气控制装置结构

图 14 - 43（二）　"一种地线融冰自动接线装置"结构

1—闭锁环；2—导电杆；3—连接板；4—触头；5—T 型铜管；6—铜辫子；7—竖直连接管；8—连接螺栓；9—连接线；10—通孔；11—取电器线夹；12—触指结构；3—外展侧边；14—触指；15—弹簧；16—配重片；17—线夹夹头；18—导向板；19—防护罩；20—V 型门；21—悬吊板；22—电机；23—绝缘传动轴；24—一级减速器；25—二级减速器；26—支撑板；27—联塔固定板；28—扭矩限制器；29—万向节；30—电机控制开关；31—手动摇把；32—复合支柱绝缘子；33—蓄电池；34—操作模式锁；35—控制开关；36—电源输出端；37—信号输入输出端；38—锁线柜；39—电源接头；40—信号接头；41—夜光照明灯；42—照明开关；43—电量指示屏；44—保护开关；45—保护；46—控制箱；47—电动推杆；48—第一行程开关；49—第二行程开关；50—转动杆；51—信号开关；52—保护罩；53—槽口；54—保护罩门；55—防护保温层；56—固定支架；57—接地装置

包括电气控制装置、传动机构、开合导电器、跳线串取电器、保护装置和取电器。其中取电器连通固定输电导线，取电器通过跳线串取电器悬挂于铁塔上，传动机构固定于铁塔上且与跳线串取电器保持适配距离，传动机构绝缘连接开合导电器连接端，开合导电器和铁塔地线之间设有连接线，电气控制装置通过控制传动机构转动开合导电器同取电器卡合或分离。

其中，开合导电器包括闭锁环、导电杆、连接板和触头，闭锁环连接在导电杆上，连接板和触头分别连接在导电杆的两端，在连接板上还固定有连接地线的连接线。

触头包括 T 型铜管和铜辫子，导电杆与触头连接端焊接有竖直连接管，T 型铜管竖直段直径小于竖直连接管的直径，铜辫子的一端穿入竖直连接管与导电杆焊接，另一端和 T 型铜管的竖直段下端焊接并使 T 型铜管的下端插入竖直连接管，T 型铜管的水平两端外露在竖直连接管外，T 型铜管的竖直段和竖直连接管上相对应的位置均设置有贯穿的通孔，通孔中贯穿设置有连接螺栓。

取电器包括取电器线夹、配重片和触指结构，跳线串取电器通过悬吊板悬吊住取电器线夹并通过取电器线夹上设有的线夹夹头夹持联通输电导线，触指结构安装在取电器线夹的外展侧边上并使触指结构在开合方向上适配开合导电器接触端同触指结构卡合或分离，安装在取电器线夹上的配重片保持触指结构在取电器线夹上的平衡，触指结构包括触指、弹簧和导向板，触指对称设置在外展侧边的两侧，弹簧对应设置在触指的两侧，每对触指的开合处设置为外八字形，开口尺寸适配开合导电器卡合，导向板作为触指的延伸设置为一对开口处与触指外八字形一致的板，导向板引导开合导电器接触端进入弹簧夹紧的触指进行卡合引流。

触指结构外部设置有固定在取电器线夹上的防护罩，防护罩设置有适配开合导电器接触端进入和触指结构卡合的链接悬挂的 V 型门。

传动机构包括电机、绝缘传动轴和减速器，电气控制装置控制电机正转或反转，电机通过绝缘传动轴带动减速器转动，减速器连接开合导电器连接端并带动开合导电器呈扇面运动，电机设置有手动摇把。

传动机构还包括双层联塔板，双层联塔板包括支撑板、联塔固定板和若干复合支柱绝缘子，支撑板和联塔固定板通过若干复合支柱绝缘子平行固定连接，联塔固定板和铁塔连接固定，电机和联塔固定板连接固定，若干复合支柱绝缘子和绝缘传动轴平行设置在支撑板和联塔固定板之间，二级减速器和支撑板连接固定，电机下方依次设置有一级减速器、扭矩限制器和万向节，电机依次通过连接固定在联塔固定板上的一级减速器、扭矩限制器和万向节带动绝缘传动轴转动，该绝缘传动轴通过联轴器和二级减速器连接，传动机构还包括电机控制开关，电机控制开关设置在扭矩限制器的限位盘的侧面，电机控制开关信号送出控制电机得电和失电。

电气控制装置包括蓄电池、设置在便携式控制箱内的控制电路、控制开关、操作模式锁和设置在便携式控制箱外侧的电源输出端和信号输入输出端。蓄电池通过电源输出端连接到便携式控制箱，信号输入、输出端通过蓄电池的电源输出控制电机和电动推杆动作，信号输入、输出端接收信号通过控制电路控制电机和电动推杆的得电和失电，铁塔上还设置有锁线柜，电机和电动推杆的电源接头以及全部限位开关的信号接头放置在锁线柜，电气控制装置的信号输入、输出端分别与信号接头和电源接头插接连接，在蓄电池外面设置一层防护保温层，在所述便携式控制箱的上盖内侧设置有一圈夜光照明灯，在便携式控制箱内设置有照明开关，在便携式控制箱内还设置有电量指示屏和保护开关，电量指示屏用于显示剩余电量，在便携式控制箱上盖内侧设置有保护垫。

保护装置通过可调式的安装结构安装在铁塔上且位于开合导电器和跳线串取电器所构成的平面上，传动机构控制与取电器分离的开合导电器接触端在保护装置中被锁紧，保护装置的安装位置可调。设计的可调式安装结构可以在产品安装时针对塔况对产品安装位置进行合理调整。

保护装置包括电动推杆和开合导电器端部保护罩：开合导电器端部保护罩固定于铁塔上，下侧部开有槽口适配开合导电器接触端进出，在侧面槽口的上方开设有保护罩；电动推杆通过固定支架安装于开合导电器端部保护罩内并垂直于开合导电器的扇面运行轨迹，在开合导电器处于分离状态时通过电气控制装置控制电动推杆的插销插入或抽出。开合导电器上设置的闭锁环锁紧开合导电器，电动推杆到达的最大行程处设有第一行程开关，最小行程处设有第二行程开关，第一行程开关和第二行程开关的开关信号分别控制电动推杆的往复运动；还包括转动杆和信号开关，转动杆和信号开关依次设置在开合导电器的上方，开合导电器转动到分离状态时碰触转动杆，转动杆再碰触信号开关，信号开关的开关信号控制电动推杆插入开合导电器的闭锁环；还设置有接地装置，接地装置一端固定在转动杆上，另一端固定在固定支架上。

"一种地线融冰自动接线装置"利用合流线夹将输电导线上的电流进行合流，并引流至地线，利用电流的热效应使覆盖在地线上的冰雪融化，具有性能稳定可靠、自动化程度高、操作简便等优点，施工人员直接于塔底操作电气控制装置即可轻松实现输电导线、地线之间的连接，降低了施工人员上塔操作的危险性。整套装置可以在短时间内实现输电导线和地线之间的连接，大大缩短了融冰的线路停运时间。即使电气控制装置发生故障，也可以通过电机的手动摇把进行开合导电器的收放，极大地提高了设备的可靠性。同时保护装置的电动推杆可有效防止开合导电器折断、变形和脱落造成的电气事故，确保装置安全可靠；同时防护罩和开合导电器端部保护罩有效地防止了雨雪等恶劣天气对设备工作的影响，旋转绝缘传动轴有效地解决了电机和开合导电器带电时的绝缘问题，确保设备安全。

14.6.2　装置特点

（1）可将分裂导线上的电流进行合流，并引至地线，通过电流的热效应融化地线上的覆冰。

（2）装置的机械传动机构性能安全可靠、自动化程度高。工作人员只需在塔底操作装置的电气控制装置即可方便地完成融冰接线，避免工作人员上塔操作，消除了操作人员夜间上塔的安全风险，并大大减轻了劳动强度，提高了工作效率。

（3）装置安装方便、操作简捷，机械及电气响应迅速。可以在短时间内快速实现地线和导线的连接，电气连接稳定，通流性能可靠，并大大缩短了地线融冰所需的准备及设备操作时间。

（4）装置的户外防护措施完善，可在冬季户外寒冷及风雪条件下正常工作；装置备有人工手动解锁、合闸及开闸功能，能确保地线融冰程序完成。

（5）装置的自保护功能强。二级减速器可保证开合导电器到位后自动锁紧，与锁紧装置中的电动推杆结合使用，起到双重保护作用。扭矩限制器与限位开关的安装可实现开合导电器到位后的过载保护。

（6）装置设计人性化，电气控制装置及直流电源体积小、重量轻，便于工作人员携带。

（7）装置通用性强，可适用于各种电压等级输电线路工程中的地线融冰。

14.6.3 工程中具体的实施方式

"一种地线融冰自动接线装置"引铁塔输电导线的电流用于铁塔地线融冰，包括电气控制装置、传动机构、开合导电器、跳线串取电器、保护装置和取电器，跳线串取电器的作用是悬吊取电器，使开合导电器与取电器可以正常接触，同时保证输电导线与铁塔之间的电气绝缘，跳线串取电器上设置有距离调节板方便长短调节，取电器连通固定输电导线，取电器通过跳线串取电器悬挂于铁塔上，传动机构固定于铁塔上且与跳线串取电器保持适配距离，传动机构绝缘连接开合导电器连接端，开合导电器和铁塔地线之间设有连接线，电气控制装置通过控制传动机构转动开合导电器同取电器卡合或分离。

其中，开合导电器包括闭锁环、导电杆、连接板和触头，触头和连接板分别连接在导电杆的两端，闭锁环连接在导电杆上，在连接板上还固定有连接地线的连接线。

触头包括 T 型铜管和铜辫子，导电杆与触头连接端焊接有竖直连接管，T 型铜管竖直段直径小于竖直连接管的直径，铜辫子的一端穿入竖直连接管与导电杆焊接，另一端和 T 型铜管的竖直段下端焊接并使 T 型铜管的下端插入竖直连接管，T 型铜管的水平两端外露在竖直连接管外，T 型铜管的竖直段和竖直连接管上相对应的位置均设置有贯穿的通孔，通孔中贯穿设置有连接螺栓。其中优选的，导电杆为铝合金管，连接板为铝合金板，竖直连接管也为铝合金管。

开合导电器抗弯性强，卡合时不易折断，卡合方向和角度佳，同时开合导电器不易变形、折断和掉落。

取电器包括取电器线夹、配重片和触指结构，跳线串取电器通过悬吊板悬吊住取电器线夹并通过取电器线夹上设有的线夹夹头夹持联通输电导线，触指结构安装在取电器线夹的外展侧边上并使触指结构在开合方向上适配开合导电器接触端同触指结构卡合或分离，安装在取电器线夹上的配重片保持触指结构在取电器线夹上的平衡，触指结构包括触指、弹簧和导向板，触指对称设置在外展侧边的两侧，弹簧对应设置在触指的两侧，每对触指的开合处设置为外八字形，开口尺寸适配开合导电器卡合，导向板作为触指的延伸设置为一对开口处与触指外八字形一致的板，导向板引导开合导电器接触端进入弹簧夹紧的触指进行卡合引流，弹簧对应触指安装在触指的两侧并给触指施加弹力，导向板大于触指的八字形开口方便引导开合导电器接触端进入弹簧夹紧的触指进行卡合。

触指结构外部设置有固定在取电器线夹上的防护罩，防护罩设置有适配开合导电器接触端进入和触指结构卡合的链接悬挂的 V 型门。

取电器线夹的分裂数为六分裂，或者也可以采用四分裂或其他分裂个数，每个分裂处分别设置有线夹夹头，分别夹持输电导线。取电器线夹上的电流通过线夹夹头被引至取电器上，为防止雨雪落到触指上导致触指结冰影响过流和卡合，在触指与导向板外围设计了防护罩，防止雨雪飘入，由于触指和导向板结构具有一定自重，会导致取电器偏向触指和导向板一侧；因此，设计了配重片以平衡触指和导向板结构的自重，保证触指和导向板的水平。

传动机构包括电机、绝缘传动轴和减速器，电气控制装置控制电机正转或反转，电机通过绝缘传动轴带动减速器转动，减速器连接开合导电器连接端并带动开合导电器成扇面运动，电机设置有手动摇把。直流电机还设置有手动摇把，在电气控制装置或电路损坏时可以手动卡合或分离开合导电器。

传动机构还包括双层联塔板，双层联塔板包括支撑板、联塔固定板和若干复合支柱绝缘子，支撑板和联塔固定板通过若干复合支柱绝缘子平行固定连接，联塔固定板和铁塔连接固定，电机和联塔固定板连接固定，若干复合支柱绝缘子和绝缘传动轴平行设置在支撑板和联塔固定板之间，二级减速器和支撑板连接固定，电机下方依次设置有一级减速器、扭矩限制器和万向节，电机依次通过连接固定在联塔固定板上的一级减速器、扭矩限制器和万向节带动绝缘传动轴转动，该绝缘传动轴通过联轴器和二级减速器连接，传动机构还包括电机控制开关，电机控制开关设置在扭矩限制器的限位盘的侧面，电机控制开关信号送出控制电机得电和失电。

在断电的情况下，二级减速器可以使开合导电器保持定位，带绝缘子隔离的双层联塔铁板的中间层安装复合支柱绝缘子，双层联塔铁板实现传动机构和跳线串取电器与铁塔固定，双层联塔铁板通过结构中的绝缘传动轴和复合支柱绝缘子共同实现开合导电器和直流电机的电气隔离和牢固度。选用满足设计要求的复合支柱绝缘子绝缘支撑，选用绝缘传动轴作为传动机构中的旋转元件，满足了绝缘和抗扭强度，并可满足传动要求；由于开合导电器打向取电器时会使跳线串取电器悬挂的取电器向外偏离，造成安全隐患，采用"扭力矩"来控制开合导电器到位后的电机断电问题，避免偏离；传动机构中设计有二级减速器，具有自锁功能，可以保证开合导电器到位后的定位；采用一级减速器、万向节和凸缘联轴器实现开合导电器运行线性和平稳。

电气控制装置包括蓄电池、设置在便携式控制箱内的控制电路、控制开关、操作模式锁和设置在便携式控制箱外侧的电源输出端和信号输入输出端，蓄电池通过电源输出端连接到便携式控制箱，信号输入输出端通过蓄电池的电源输出控制电机和电动推杆动作，信号输入输出端接收信号通过控制电路控制电机和电动推杆的得电和失电，铁塔上还设置有锁线柜，电机和电动推杆的电源接头以及全部限位开关的信号接头放置在锁线柜，电气控制装置的信号输入输出端分别与信号接头和电源接头插接连接，在蓄电池外面设置一层防护保温层，在所述便携式控制箱的上盖内侧设置有一圈夜光照明灯，在便携式控制箱内设置有照明开关，在便携式控制箱内还设置有电量指示屏和保护开关，电量指示屏用于显示剩余电量，在便携式控制箱上盖内侧设置有保护垫。防护保温层可以在寒冷地区保护蓄电池的稳定工作，保证电气控制装置的正常运行。

保护装置通过可调式的安装结构安装在铁塔上且位于开合导电器和跳线串取电器所构成的平面上，传动机构控制与取电器分离的开合导电器接触端在保护装置中被锁紧，保护装置的安装位置可调。保护装置包括电动推杆和开合导电器端部保护罩，开合导电器端部保护罩固定于铁塔上，下侧部开有槽口适配开合导电器接触端进出，在侧面槽口的上方开设有保护罩门，电动推杆通过固定支架安装于开合导电器端部保护罩内并垂直于开合导电器的扇面运行轨迹，在开合导电器处于分离状态时通过电气控制装置控制电动推杆的插销插入或抽出开合导电器上设置的闭锁环锁紧开合导电器，电动推杆到达的最大行程处设有第一行程开关，最小行程处设有第二行程开关，第一行程开关和第二行程开关的开关信号分别控制电动推杆的往复运动；还包括转动杆和信号开关，转动杆和信号开关依次设置在开合导电器的上方，开合导电器转动到分离状态时碰触转动杆，转动杆再碰触信号开关，信号开关的开关信号控制电动推杆插入开合导电器的闭锁环；还设置有接地装置，接地装置一端固定在转动杆上，另一端固定在固定支架上。增加了接地装置，使开合导电器在触碰到该装置上的转动杆后相当于通过保护罩连接到铁塔接地，可以及时释放开合导电器上的感应电压，保证安全和设备的正常使用，延长使用寿命。

保护装置保证开合导电器在发生断裂或严重变形的情况下不发生坠落造成严重电气事故，同时在雨雪天气下，保护开合导电器的动触头不结冰，从而有效地与取电器接触，且整个保护罩保证了有感应电压下的空气间隙，保护罩门的设置方便了使用检修，而且开合导电器在触碰到该装置上的转动杆后相当于通过铁塔接地，可以及时释放开合导电器上的感应电压，保证安全和设备的正常使用，延长使用寿命。保护装置可调式安装结构可以在产品安装时针对塔况对产品安装位置进行合理调整。

保护装置固定在铁塔上且位于开合导电器和跳线串取电器两者所构成的同一平面上，传动机构控制与取电器分离的开合导电器的另一端开合导电器接触端在保护装置中被锁紧。保护装置包括电动推杆、旋转角钢、接近开关和开合导电器端部保护，开合导电器端部保护罩为铁板设置成的四面盒状壳体并固定于铁塔上，盒状壳体的侧部开有槽口适配开合导电器接触端的进出，电动推杆安装于开合导电器端部保护罩内并垂直于开合导电器的运行扇面，通过电气控制装置控制电动推杆的插销插入或抽出开合导电器上设置的闭锁环挂住锁紧或松开开合导电器，确保开合导电器牢固，开合导电器的插销插入闭锁环时，闭锁环推动设置在上方的转动角钢，转动角钢触动接近开关，接近开关送出开关信号控制电机失电；闭锁环在开合导电器上的设置位置要确保开合导电器连接端或开合导电器接触端折断、变形或脱落时，开合导电器也不会掉落碰到取电器引起电气事故。

第15章 创新技术的推广应用情况及使用效果

15.1 成 果 应 用 概 述

（1）在 500kV 福泉变安装了 7 组 500kV "具有融冰跨越连接功能的隔离开关"（其中 1 组为基建项目新增）。

（2）在 220kV 旧治变安装了 2 组 220kV "具有融冰跨越连接功能的隔离开关"；9 组 "具有融冰跨越连接功能的隔离开关"。

（3）在 220kV 甘塘变安装了 8 组 110kV "带防雷功能的融冰隔离开关"。

（4）在 110kV 龙山变安装了 2 组 110kV "带融冰短路功能的隔离开关"。

（5）在 110kV 牛场变安装了 1 组 110kV "具有融冰短路和接地切换功能的隔离开关"。

（6）在 500kV 福泉变、220kV 瓮安变、220kV 石牌变和 220kV 麻尾变安装了 4 个融冰交流连接箱和 4 个直流切换箱。

此外，在 2016、1017 年度技改项目中安排近 2000 万元进行推广使用，成果应用情况统计见表 15-1。

表 15-1　　　　　　　　　　成果应用情况（不完全统计）

变电站名称	间隔双重命名	成果的电压等级/kV	数量	应用的成果及专利号	说　明
500kV 福泉变	500kV 福施Ⅰ回线	500	1	"具有融冰跨越连接功能的隔离开关" ZL 2012 2 0115421.5	融冰线路首端
500kV 福泉变	500kV 福施Ⅰ回线	500	1	"具有融冰跨越连接功能的隔离开关" ZL 2012 2 0115421.5	融冰线路首端
500kV 福泉变	500kV 福施Ⅱ回线	500	1	"具有融冰跨越连接功能的隔离开关" ZL 2012 2 0115421.5	融冰线路首端
500kV 福泉变	500kV 鸭福Ⅰ回线	500	1	"具有融冰跨越连接功能的隔离开关" ZL 2012 2 0115421.5	融冰线路首端
500kV 福泉变	500kV 鸭福Ⅱ回线	500	1	"具有融冰跨越连接功能的隔离开关" ZL 2012 2 0115421.5	融冰线路首端
500kV 福泉变	500kV 福青线	500	1	"具有融冰跨越连接功能的隔离开关" ZL 2012 2 0115421.5	融冰线路首端
500kV 福泉变	500kV 醒福线	500	1	"具有融冰跨越连接功能的隔离开关" ZL 2012 2 0115421.5	融冰线路首端
500kV 福泉变	500kV 福舟线	500	1	"具有融冰跨越连接功能的隔离开关" ZL 2012 2 0115421.5	融冰线路首端，基建推广安装

变电站名称	间隔双重命名	成果的电压等级/kV	数量	应用的成果及专利号	说　明
220kV 旧治变	220kV 牛旧线	220	1	"具有融冰跨越连接功能的隔离开关" ZL 2012 2 0115421.5	融冰线路首端，基建推广安装
220kV 旧治变	220kV 福旧Ⅰ回线	220	1	"具有融冰跨越连接功能的隔离开关" ZL 2012 2 0115421.5	融冰线路首端
220kV 旧治变	220kV 福旧Ⅱ回线	220	1	"具有融冰跨越连接功能的隔离开关" ZL 2012 2 0115421.5	融冰线路首端，基建推广安装
220kV 旧治变	110kV 旧里牵线	110	1	"具有融冰跨越连接功能的隔离开关" ZL 2012 2 0115421.5	融冰线路首端
220kV 旧治变	110kV 旧谷线	110	1	"具有融冰跨越连接功能的隔离开关" ZL 2012 2 0115421.5	融冰线路首端
220kV 旧治变	110kV 旧沿黄线	110	1	"具有融冰跨越连接功能的隔离开关" ZL 2012 2 0115421.5	融冰线路首端
220kV 旧治变	110kV 旧定Ⅰ回线	110	1	"具有融冰跨越连接功能的隔离开关" ZL 2012 2 0115421.5	融冰线路首端
220kV 旧治变	110kV 旧定Ⅱ回线	110	1	"具有融冰跨越连接功能的隔离开关" ZL 2012 2 0115421.5	融冰线路首端
220kV 旧治变	110kV 旧明线	110	1	"具有融冰跨越连接功能的隔离开关" ZL 2012 2 0115421.5	融冰线路首端
220kV 旧治变	110kV 旧昌Ⅰ回线	110	1	"具有融冰跨越连接功能的隔离开关" ZL 2012 2 0115421.5	融冰线路首端
220kV 旧治变	110kV 旧昌Ⅱ回线	110	1	"具有融冰跨越连接功能的隔离开关" ZL 2012 2 0115421.5	融冰线路首端
220kV 旧治变	110kV 旧冷线	110	1	"具有融冰跨越连接功能的隔离开关" ZL 2012 2 0115421.5	融冰线路首端
220kV 甘塘变	220kV 福甘Ⅰ回线	220	1	"具有融冰跨越连接功能的隔离开关" ZL 2012 2 0115421.5	融冰线路首端
220kV 甘塘变	220kV 福甘Ⅱ回线	220	1	"具有融冰跨越连接功能的隔离开关" ZL 2012 2 0115421.5	融冰线路首端
220kV 甘塘变	220kV 甘都线	220	1	"具有融冰跨越连接功能的隔离开关" ZL 2012 2 0115421.5	融冰线路首端
220kV 甘塘变	220kV 甘剑线	220	1	"具有融冰跨越连接功能的隔离开关" ZL 2012 2 0115421.5	融冰线路首端
220kV 甘塘变	110kV 甘扬线	110	1	"带防雷功能的融冰隔离开关" ZL 2012 2 0299930.8	融冰线路首端
220kV 甘塘变	110kV 甘谢Ⅰ回线	110	1	"带防雷功能的融冰隔离开关" ZL 2012 2 0299930.8	融冰线路首端
220kV 甘塘变	110kV 文峰Ⅰ回线	110	1	"带防雷功能的融冰隔离开关" ZL 2012 2 0299930.8	融冰线路首端

变电站名称	间隔双重命名	成果的电压等级/kV	数量	应用的成果及专利号	说　明
220kV 甘塘变	110kV 文峰Ⅱ回线	110	1	"带防雷功能的融冰隔离开关" ZL 2012 2 0299930.8	融冰线路首端
220kV 甘塘变	110kV 甘龙Ⅰ回线	110	1	"带防雷功能的融冰隔离开关" ZL 2012 2 0299930.8	融冰线路首端
220kV 甘塘变	110kV 甘龙Ⅱ回线	110	1	"带防雷功能的融冰隔离开关" ZL 2012 2 0299930.8	融冰线路首端
220kV 甘塘变	110kV 甘牵线	110	1	"带防雷功能的融冰隔离开关" ZL 2012 2 0299930.8	融冰线路首端
220kV 甘塘变	110kV 剑栋甘线	110	1	"带防雷功能的融冰隔离开关" ZL 2012 2 0299930.8	融冰线路首端
110kV 龙山变	110kV 甘龙Ⅰ回线	110	1	"带融冰短路功能的隔离开关" ZL 2012 2 0115423.4	融冰线路末端
110kV 龙山变	110kV 甘龙Ⅱ回线	110	1	"带融冰短路功能的隔离开关" ZL 2012 2 0115423.4	融冰线路末端
110kV 牛场变	110kV 福牛线	110	1	"具有融冰短路和接地切换功能的隔离开关" ZL 2013 2 0187109.1	融冰线路末端
500kV 福泉变	无	10	1	"融冰交流连接箱" ZL 2012 2 0299928.0	车载式直流融冰装置接入系统使用
500kV 福泉变	无	10	1	"直流切换箱" ZL 2012 2 0092561.5	车载式直流融冰装置接入系统使用
220kV 瓮安变	无	10	1	"融冰交流连接箱" ZL 2012 2 0299928.0	车载式直流融冰装置接入系统使用
220kV 瓮安变	无	10	1	"直流切换箱" ZL 2012 2 0092561.5	车载式直流融冰装置接入系统使用
220kV 麻尾变	无	10	1	"融冰交流连接箱" ZL 2012 2 0299928.0	车载式直流融冰装置接入系统使用
220kV 麻尾变	无	10	1	"直流切换箱" ZL 2012 2 0092561.5	车载式直流融冰装置接入系统使用
220kV 石牌变	无	10	1	"融冰交流连接箱" ZL 2012 2 0299928.0	车载式直流融冰装置接入系统使用
220kV 石牌变	无	10	1	"直流切换箱" ZL 2012 2 0092561.5	车载式直流融冰装置接入系统使用
汇总			43		

15.2　成　果　应　用　情　况

15.2.1　"具有融冰跨越连接功能的隔离开关"推广应用

（1）2011 年年底，在都匀供电局 500kV 福泉变安装了 6 组该设备并全部投入电网运行，现场安装情况如图 15-1 所示：

（a）福施Ⅰ回线

（b）福施Ⅱ回线　鸭福双回线

（c）福青线

（d）醒福线

图 15-1　500kV 福泉变安装情况

（2）2015 年年底，500kV 福泉变 500kV 福舟线（基建推广项目）新增一组"具有融冰跨越连接功能的隔离开关"，现场安装情况如图 15-2 所示。

（3）在 220kV 旧治变、220kV 甘塘变应用了该技术。

1）在 220kV 旧治变的 2 条 220kV 和 10 条 110kV 线路应用了该技术，如图 15-3 所示。

2）在 220kV 甘塘变的 4 条 220kV 线路应用了该技术，如图 15-4 所示。

通过该技术的推广应用，可确保都匀电网所有 7 条 500kV 高压线路 100% 具备融冰线路首端与融冰母线自动连接（或拆除连接）的能力。部分 220kV、110kV 线路也具备此能力，为系统内同类

图 15-2　500kV 福泉变安装情况
（基建新增）

工程作出了良好的示范。

(a) 220kV　　　　　　　　　　(b) 110kV

图 15 - 3　220kV 旧治变安装情况

图 15 - 4　220kV 甘塘变安装情况

其优点是技术成熟、可靠，简单实用；缺点是：当现场没有专门的安装空间时，则该技术无法应用，这从一定程度上限制了它的推广应用。而"带防雷功能的融冰隔离开关"解决了该问题。

15.2.2　"带防雷功能的融冰隔离开关"推广应用

2013 年，在都匀供电局 220kV 甘塘变的 8 条 110kV 线路首端安装了该设备并投入电网运行,现场情况如图 15-5 所示。

图 15-5 220kV 甘塘变安装情况

通过该技术的推广应用,可确保 220kV 甘塘变的 10 条重要线路具备融冰线路首端与融冰母线自动连接(或拆除连接)的能力。

其优点是弥补了"具有融冰跨越连接功能的隔离开关"的不足,能够在避雷器的位置进行安装,具有广泛的适应性和较强推广价值;缺点是对避雷器的强度要求较高,价格较高。

15.2.3 "带融冰短路功能的隔离开关"推广应用

2013 年,在都匀供电局 110kV 龙山变 2 条 110kV 线路出线侧安装了该设备并投入电网运行,现场情况如图 15-6 所示。

图 15-6 110kV 龙山变安装情况

通过该技术的应用,确保了 110kV 龙山变 110kV 融冰线路末端三相短接不接地(或解除三相短接不接地)的能力。

其优点是其额定电流可能很大（最大 5000A）；缺点是占地面积比普通同电压等级的隔离开关稍大一些（约大 1.3 倍）。

同时该隔离开关被贵州电网列为 2015 年度重点科技成果推广项目。

15.2.4　"具有融冰短路和接地切换功能的隔离开关"推广应用

2013 年，在都匀供电局 110kV 牛场变 1 条 110kV 线路出线（110kV 福牛线）侧安装了该设备并投入电网运行，现场情况如图 15-7 所示。

图 15-7　110kV 牛场变安装情况

通过该技术的应用，确保了 110kV 福牛线融冰线路末端三相短接不接地（或解除三相短接不接地）的能力，为 220kV 及以下电压等级且无安装位置（只有线刀安装位置）的融冰短接提供一种工程示范。

该技术不受到现场安装场地的约束，具有较强的适用性和推广价值。

其优点是不需要专门的安装空间，只要有线路侧隔离开关的位置就能够安装；缺点是受到操作方式的限制，其额定电流一般不大于 1500A。

15.2.5　"融冰交流连接箱"推广应用

2012 年在现场安装了该设备并投入运行，现场图片如图 15-8～图 15-10 所示。

图 15-8　在 500kV 福泉变的应用情况

图 15 – 9　在 220kV 瓮安变的应用情况

图 15 – 10　在 220kV 麻尾变的应用情况

　　该技术的推广应用大大缩短了移动式交/直流融冰装置使用时接入系统的时间，提高了工作效率，降低了检修人员的作业风险。

15.3　效 果 对 比

15.3.1　"具有融冰跨越连接功能的隔离开关"效果对比

　　以 500kV 线路融冰连接为例，该融冰隔离开关用于融冰线路首端，将融冰母线与融冰线路进行连接或拆除连接。

　　在 2011 年初的冰灾中，福泉变 500kV 线路共进行了 8 条次（其中福青线 2 次，鸭福Ⅰ回线 2 次，鸭福Ⅱ线 2 次，福施Ⅰ回线 1 次，醒福线 1 次）融冰操作，在每次操作时均需要用导线将融冰母线与融冰线路相连接，该工作使用了 1 台高 32m 的液压升降机械，检修人员 25 人，连接和拆除连接平均用时共计 300min，检修人员在冰天雪地中高空作业，人员的安全风险非常高（黄色风险）。

应用之前的部分现场图片如图 15-11～图 15-13 所示。

图 15-11　人工接线高空作业

图 15-12　人工接线管母线连接

图 15-13　人工接线使用大型机械辅助

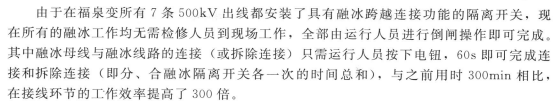

由于在福泉变所有 7 条 500kV 出线都安装了具有融冰跨越连接功能的隔离开关，现在所有的融冰工作均无需检修人员到现场工作，全部由运行人员进行倒闸操作即可完成。其中融冰母线与融冰线路的连接（或拆除连接）只需运行人员按下电钮，60s 即可完成连接和拆除连接（即分、合融冰隔离开关各一次的时间总和），与之前用时 300min 相比，在接线环节的工作效率提高了 300 倍。

由于采用了专用融冰隔离开关，在该项工作中不需要检修人员参与，因此彻底消除了人工作业风险。

15.3.2 "带防雷功能的融冰隔离开关"效果对比

以 110kV 线路融冰接线为例，该融冰隔离开关用于融冰线路首端，将融冰母线与融冰线路进行连接或拆除连接。

该隔离开关应用在 220kV 甘塘变 8 条 110kV 出线，安装于原来间隔内线路避雷器的位置上。在未应用该新技术之前，需要检修人员用预制好的导线将融冰母线与融冰线路相连接，连接和拆除连接线的时间平均为 1～1.5h，且检修人员的作业风险较高。现场部分图片如图 15-14 所示。

图 15-14　人工接线

由于在甘塘变所有 8 条 110kV 出线都安装了带防雷功能的融冰隔离开关，现在所有的融冰工作均无需检修人员到现场工作，全部由运行人员进行倒闸操作即可完成。其中融冰母线与融冰线路的连接（或拆除连接）只需运行人员按下电钮，60s 即可完成连接和拆除连接（即分、合融冰隔离开关各一次的时间总和），与之前用时 60min 相比，在接线环节的工作效率提高了 60 倍。

由于采用了专用融冰隔离开关，在该项工作中不需要检修人员参与，因此彻底消除了人工作业风险。

此外，由于该隔离开关同时具有融冰跨越连接和避雷器的双重功能，因此还节省了占地面积，特别适合在老旧变电站内推广应用。

15.3.3 "带融冰短路功能的隔离开关"和"具有融冰短路和接地切换功能的隔离开关"效果对比

以 110kV 线路融冰接线为例，这两种融冰隔离开关都用于融冰线路末端（安装在融冰线路末端变电站出线间隔的线刀位置上），将融冰线路末端三相短接或解除三相短接。

在 110kV 龙山变有 2 条 110kV 出线都安装了带融冰短路功能的隔离开关，在 110kV 牛场变 110kV 福牛线出线安装了具有融冰短路和接地切换功能的隔离开关。在未应用该新技术之前，需要检修人员用预制好的导线将融冰母线与融冰线路相连接，连接和拆除连接线的时间平均为 1~1.5h，且检修人员的作业风险较高。现场部分图片如图 15-15 所示。

图 15-15　人工接线

在 110kV 龙山变有 2 条 110kV 出线都安装了带融冰短路功能的隔离开关，在 110kV 牛场变 110kV 福牛线出线安装了具有融冰短路和接地切换功能的隔离开关，现在这 3 条线路所有的融冰工作均无需检修人员到现场工作，全部由运行人员进行倒闸操作即可完成。其中融冰短接（或解除短接）只需运行人员按下电钮，60s 即可完成短接和解除短接（即分、合融冰隔离开关各一次的时间总和），与之前用时 60min 相比，在接线环节的工作效率提高了 60 倍。

由于采用了专用融冰隔离开关，在该项工作中不需要检修人员参与，因此彻底消除了人工作业风险。

15.3.4 "融冰交流连接箱"和"直流切换箱"效果对比

这两种设备用于车载式直流融冰装置和交流融冰变压器接入系统。

在 220kV 瓮安变和 500kV 福泉变（共用一套车载式直流融冰装置）、220kV 麻尾变和 220kV 石牌变（共用一套车载式直流融冰装置）各安装了 1 个融冰交流连接箱和直流切换箱。根据 2012 年车载式直流融冰装置首次使用试验过程，交流输入电缆接入系统所需耗时＝50min（电缆施放）＋15min（电缆头搭接）＝65min；使用融冰交流连接箱后，交流输入电缆接入系统所需耗时＝15min（电缆头搭接）。工作效率提高了约 4 倍。

15.4　融冰接线优化技术分析

由于电网内运行的变电站投运时间跨度较大，主接线及平面布置千差万别，因此需要在广泛调研总结的基础上，通过分析研究确定最佳方案。具体的研究内容如下：

（1）在融冰线路首端。

1）当经过校核，确认融冰母线与融冰线路之间有足够的安全空间时，设计一种专用融冰搭接隔离开关，系统正常运行时与融冰母线连接，同时与融冰线路隔离；融冰时只需要合上该隔离开关即可将融冰母线与融冰线路连接。

2）当经过校核，确认融冰母线与融冰线路之间的安全空间无法满足要求时，设计一种专用融冰搭接隔离开关，该隔离开关安装在线路侧避雷器的位置上，系统正常运行时与融冰母线连接，同时与融冰线路隔离，作为普通的避雷器使用；融冰时只需要合上该隔离开关即可将融冰母线与融冰线路连接，作为融冰隔离开关使用。

（2）在融冰线路末端。

1）当经过校核，确认变电站内有足够的安全空间时，设计一种专用的融冰短接隔离开关，该隔离开关既可附加在普通线路侧隔离开关旁边，也可独立安装使用。系统正常运行时该融冰短接隔离开关处于分闸位置，融冰时只需合上该融冰隔离开关即可。

2）当经过校核，确认变电站内的安全空间无法满足要求时，设计一种专用的融冰短接隔离开关，该隔离开关直接在原有线路侧隔离开关的位置上进行安装，既有普通隔离开关的功能，同时还具有融冰短接的功能。

（3）针对车载式直流融冰装置和融冰变压器接入系统的优化。针对这两种设备都是移动式使用的特点，设计一种廉价、专用的连接设备，这种设备可构建10～35kV封闭式融冰母线，其输入端与电网侧连接，输出端与车载式直流融冰装置或融冰变压器连接，缩短融冰时接线的时间，提高工作效率，降低安全风险。

（4）当融冰装置所在变电站作为融冰线路末端时的接线优化。当融冰线路两端的变电站内都安装有直流融冰装置时，则任何一侧的变电站都可能作为融冰线路的末端。针对这种特殊情况，提出一种廉价可靠的解决方案。

关键技术与创新点如下：

（1）首次全面系统地对融冰线路首端和末端的连接方式进行了全面优化，成果得到广泛应用，将传统融冰接线由检修人员人工连接的方式，改变为只需运行人员进行倒闸操作的方式。极大地提高了工作效率，完全消除了检修人员在融冰接线时的作业风险。

1）在融冰线路首端，研制成功用于融冰母线与融冰线路快速连接、拆除连接的多种专用融冰隔离开关，并通过工程实践及关键技术的应用，实现了该设备的安全、稳定、可靠运行，攻克了融冰电流难以快速送到融冰线路的关键难题，为国内同类工程提供了宝贵经验。

2）在融冰线路末端，研制成功用于融冰线路末端三相短接、拆除短接的多种专用融冰隔离开关，并通过工程实践及关键技术的应用，实现了该设备的安全、稳定、可靠运行，攻克了融冰线路末端三相快速短接的关键难题，为国内同类工程提供了重要经验。

（2）成功研制用于车载式直流融冰装置与融冰变压器方便快捷地接入系统的装置，并通过工程实践应用，实现了该设备的安全、稳定、可靠运行，为构建10～35kV电压等级的封闭式融冰母线提供了一种廉价、可行的方案，为国内同类工程提供了一种简单、廉价的解决方案。

（3）当融冰线路两端的变电站内都安装有直流融冰装置时，则任何一侧的变电站都可能作为融冰线路的末端。当需要对这种末端融冰线路进行三相短接时，提出了一种只用一组普通 35kV 隔离开关安装于融冰母线上的巧妙解决方案。

贵州电网编写了《贵州电网 500kV 线路融冰接线优化分析报告》（详见附录 B），详细地讲述了 500kV 线路在各种情况下的融冰接线优化技术。

附录 A 标准融冰电流值

标准融冰电流值见表 A.1。

表 A.1 标准融冰电流值

导线型号	融冰电流/A						保线电流/A			最大允许电流/A	
	−8℃ 8m/s 10mm覆冰	−5℃ 5m/s 10mm覆冰	−3℃ 3m/s 10mm覆冰	−8℃ 8m/s 15mm覆冰	−5℃ 5m/s 15mm覆冰	−3℃ 3m/s 15mm覆冰	外界温度 −8℃ 8m/s	外界温度 −5℃ 5m/s	外界温度 −3℃ 3m/s	−5℃ 5m/s	−5℃ 3m/s
LGJ-800/100	1678.4	1419.2	1245.1	1806.7	1591.7	1447.1	1255.4	1050.4	887.7	2760.7	2279.8
LGJ-800/70	1686.5	1425.7	1250.6	1815.2	1598.9	1453.4	1262.1	1056	892.5	2773.5	2290.3
LGJ-800/55	1688.4	1427.2	1251.7	1817.1	1600.5	1454.7	1263.8	1057.4	893.7	2779.1	2295
LGJ-720/50	1555.7	1313.5	1150.5	1673.2	1472.1	1336.5	1167.6	976.9	825.6	2564.9	2118.1
LGJ-630/80	1431.2	1207.5	1056.7	1538.7	1352.7	1227.2	1075.2	900.1	760.7	2365.1	1953.2
LGJ-630/55	1427.9	1204.3	1053.6	1534.9	1348.9	1223.4	1074	898.5	759.4	2362	1950.6
LGJ-630/45	1398.6	1179.1	1031	1503	1320.3	1197	1052.7	880.8	744.4	2313	1910.1
LGJ-500/65	1212.6	1020.4	890.4	1301.7	1141.5	1033	915	765.5	647	2011.8	1661.4
LGJ-500/45	1182.8	994.7	867.2	1269.2	1112.3	1005.8	893.2	747.3	631.6	1962.4	1620.6
LGJ-500/35	1192.9	1003.1	874.6	1280	1121.7	1014.4	900.8	753.7	637	1979.3	1634.5
LGJ-400/65	1040.5	873.6	760.2	1115.4	975.9	881.1	786.9	658.3	556.4	1728.6	1427.5
LGJ-400/50	1035.1	868.8	755.8	1109.5	970.4	875.8	783	655.1	553.6	1720.5	1420.8
LGJ-300/70	873.5	731.6	634.7	935	816	734.8	661.5	553.4	467.7	1453	1200
LGJ-300/50	853.1	713.8	618.6	912.6	795.7	715.8	646.2	540.6	456.9	1419.6	1172.4
LGJ-240/55	742.5	620	535.9	793.3	690.2	619.5	562.4	470.5	397.7	1235.7	1020.5
LGJ-240/40	730	609	525.9	779.6	677.7	607.6	552.9	462.6	390.9	1214.7	1003.2

续表

导线型号	融冰电流/A						保线电流/A			最大允许电流/A	
	-8℃ 8m/s 10mm覆冰	-5℃ 5m/s 10mm覆冰	-3℃ 3m/s 10mm覆冰	-8℃ 8m/s 15mm覆冰	-5℃ 5m/s 15mm覆冰	-3℃ 3m/s 15mm覆冰	外界温度 -8℃ 8m/s	外界温度 -5℃ 5m/s	外界温度 -3℃ 3m/s	-5℃ 5m/s	-5℃ 3m/s
LGJ-240/30	738	615.7	531.6	788.1	685.1	614.2	559	467.7	395.2	1227.7	1013.9
LGJ-210/50	673.7	561.5	484.3	719	624.4	559.2	510.1	426.8	360.7	1120.6	925.5
LGJ-210/35	672.3	560	482.6	717.3	622.5	557.2	508.9	425.8	359.9	1118.2	923.5
LGJ-210/25	663.5	552.4	475.7	707.7	613.8	549.1	502.1	420.1	355.1	1103	911
LGJ-210/10	644.5	535.9	460.7	686.8	594.9	531.3	487.4	407.8	344.6	1070.5	884.1
LGJ-185/45	619	515	443.3	659.9	572.1	511.5	468.3	391.8	331.1	1028.7	849.6
LGJ-185/30	605.4	503.3	432.6	645.1	558.7	498.9	457.8	383	323.7	1005.4	830.4
LGJ-185/25	615.3	511.5	439.7	655.7	567.8	507.1	465.3	389.3	329	1022	844.1
LGJ-185/10	599.1	497.4	426.8	637.8	551.6	491.8	452.6	378.6	320	993.9	820.8
LGJ-150/35	530.9	440.5	377.6	565	488.2	434.9	400.8	335.4	283.4	880.3	727
LGJ-150/25	529.8	439.3	376.3	563.6	486.7	433.2	399.7	334.5	282.7	877.9	725
LGJ-150/20	519.8	430.6	368.5	552.7	476.9	424.1	391.9	327.9	277.1	860.5	710.7
LGJ-150/8	511.4	423.2	361.6	543.4	468.3	415.9	385.1	322.2	272.3	845.4	698.3
LGJ-120/70	488.5	405.5	348	520.1	449.8	401	369	308.7	260.9	810.5	669.4
LGJ-120/25	468.3	387.4	330.8	497.5	428.5	380.4	352.5	294.9	249.2	773.9	639.2
LGJ-120/20	447.3	369.6	315.1	474.8	408.5	362	336.1	281.2	237.7	738	609.5
LGJ-120/7	448.3	370	315	475.5	408.6	361.6	336.4	281.4	237.8	738.4	609.9
LGJ-95/55	416.9	345	294.8	443	381.8	339.1	313.9	262.7	222	689.3	569.3
LGJ-95/20	395.7	326.1	277.2	419.4	359.8	318	296.3	247.9	209.5	650.5	537.3
LGJ-95/15	390.7	321.9	273.4	414	355	313.5	292.4	244.6	206.7	641.8	530.1
LGJ-70/40	335.7	276.5	234.9	355.7	305	269.3	251.1	210.1	177.6	551.3	455.4
LGJ-70/10	314.5	257.8	217.4	332.1	283.2	248.4	233	195	164.8	511.4	422.4
LGJ-50/30	272.2	223.2	188.4	287.5	245.3	215.3	201.9	168.9	142.8	443.1	366
LGJ-50/8	251.4	205.1	171.8	264.7	224.4	195.5	184.1	154	130.2	403.9	333.6

注　本表是南方网根据《圆线同心绞架空导线》(GB 1179—1999)规格导线提供的10mm覆冰下的1h融冰电流值，在使用时要根据实际情况灵活应用。

附录 B 贵州电网 500kV 线路融冰接线优化分析报告

在线路进行直流融冰之前，先要将线路首端与直流融冰装置输出端连接，线路末端三相短接。若靠人工方式临时接线，连接和拆除过程中必须将线路转为检修状态才能开展，这样不但耗时，且作业强度和难度很大。通过几年的抗冰，总结经验，以降低接线难度、减少接线工作量、缩短接线时间为主要原则，同时考虑不影响变电站设备安全运行，提出安装融冰隔离开关的优化方案。

报告中的费用数据为估计值。

B.1 现 状 分 析

B.1.1 500kV 网架融冰装置分布

截至 2014 年年底，贵州电网共有 500kV 变电站 14 座，其中安装固定式直流融冰装置的 500kV 变电站共有 6 座，分别为 500kV 鸭溪变、奢香变、息烽变、六盘水变、安顺变、福泉变。

B.1.2 500kV 融冰线路接线情况分布

截至 2014 年年底，贵州电网共有 500kV 线路 50 条。根据融冰装置的能力分析，500kV 可融冰线路共计 48 条，其中，直接融冰 27 条，串接融冰 21 条；500kV 不能融冰线路 2 条，分别为安高Ⅰ回，安高Ⅱ回，原因是线路线径太大，安顺变融冰装置容量不足。如图 B.1 所示。

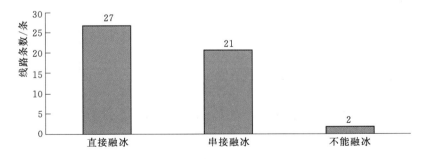

图 B.1 贵州电网 500kV 线路融冰方式分类

B.1.2.1 首端搭接分析

贵州电网融冰线路的首端接线方式分别为采用搭接小车、融冰隔离开关搭接、人工搭接。

贵州电网 48 条可融冰 500kV 线路中，采用人工搭接方式的有 8 条，采用搭接小车的有 18 回线路，采用融冰隔离开关的有 22 回线路。由此可见，贵州电网 500kV 可融冰线路中首端搭接工作采用人工方式占比 16.7%，具体见表 B.1 所示。

表 B.1　　　　　　　　　　贵州电网融冰线路首端搭接方式统计分析

序号	融冰装置所在变电站	搭接小车	融冰隔离开关搭接	人工搭接	总计
1	安顺变	18			18
2	福泉变		9		9
3	黎平变		4		4
4	六盘水变			3	3
5	奢香变		4		4
6	息烽变			4	4
7	鸭溪变		5	1	6
总计	总计	18	22	8	48

B.1.2.2　末端短接分析

为梳理分析融冰线路短接能力，现根据线路融冰时末端短接位置的不同，将线路分为电源侧、电网侧、超高压公司侧。其中电源侧为线路短接末端是发电集团所管理的电源点升压站，电网侧为线路短接末端是贵州电网管辖变电站，超高压公司侧为线路短接末端为超高压公司管辖变电站。

贵州电网融冰线路的末端接线方式根据短接位置的不同分为变电站内短接、线路末端人工短接。

贵州电网 48 条可融冰 500kV 线路中，需在站内短接采用人工短接的线路共有 22 条，其中需在贵州电网管辖的变电站短接线路有 15 条，需在超高压公司管辖的变电站内短接的 7 条；需在线路末端采用人工短接方式的有 26 条，其中末端为发电集团的线路有 25 条，末端为超高压公司的有 1 条。由此可见，贵州电网 500kV 可融冰线路中末端短接工作采用人工方式占比 100%，具体见表 B.2 所示。

表 B.2　　　　　　　　　　贵州电网融冰线路末端短接方式统计分析

序号	末端所属单位	变电站内人工短接	线路末端人工短接	总计
1	电网公司	15	0	15
2	发电集团	0	25	25
3	超高压公司	7	1	8
总计	总计	22	26	48

B.2　加装隔离开关技术方案分析

B.2.1　首端搭接技术方案

为满足线路融冰要求，本技术方案在首端加装融冰搭接隔离开关，实现融冰线路与融冰装置（融冰管母）的快速自动连接。在线路正常运行时，融冰隔离开关高侧接线板（静触头）与线路出线连接，低侧接线板与融冰管母连接，隔离开关处于分闸位置；当线路需要融冰时，首先将线路转为冷备用状态，再闭合融冰隔离开关，将融冰装置接入线路融冰回路。

B.2.1.1　方案一：加装独立融冰搭接隔离开关

1. 机构原理

本方案采用一种具有融冰跨越连接功能的垂直伸缩式隔离开关，如图 B.2、图 B.3 所示。

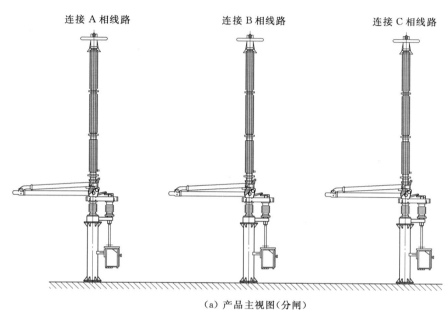

连接 A 相线路　　　连接 B 相线路　　　连接 C 相线路

（a）产品主视图（分闸）

连接 A 相线路　　　连接 B 相线路　　　连接 C 相线路

（b）产品侧视图（合闸）　　　　　（c）产品主视图（合闸）

图 B.2　具有融冰跨越连接功能的垂直伸缩式隔离开关示意图

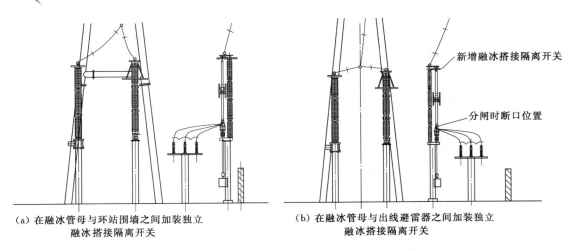

（a）在融冰管母与环站围墙之间加装独立　　　（b）在融冰管母与出线避雷器之间加装独立
　　　融冰搭接隔离开关　　　　　　　　　　　　　　融冰搭接隔离开关

图 B.3　加装独立融冰搭接隔离开关典型设计图

此外，如果加装的融冰隔离开关在道路附近时，融冰隔离开关与道路之间的距离需满足图 B.4 的设计要求。

2. 适用范围

适用于 500kV 线路出线对应的融冰管母附近有足够空间距离安装独立融冰搭接隔离开关的变电站。

3. 实施费用

采购一组融冰隔离开关费用约 30 万元，设计费 3 万元，施工费用约 20 万元，其他费用约 7 万元（电缆、二次接线等），估计实施总费用约 60 万元。

B.2.1.2　方案二：将原出线避雷器更换为带防雷功能的融冰搭接隔离开关

1. 机构原理

采用一种带防雷功能的垂直伸缩式融冰搭接隔离开关，如图 B.5、图 B.6 所示。

2. 适用范围

原则上适用于所有变电站，建议当 500kV 线路出线对应的融冰管母附近不具备按照独立融冰搭接隔离开关时再考虑本方案（即搭接方案一不适用时采用）。

3. 实施费用

采购一组带防雷功能的融冰搭接隔离开关费用约 45 万元，设计费 3 万元，施工费用约 20 万元，其他约 7 万元（电缆、二次

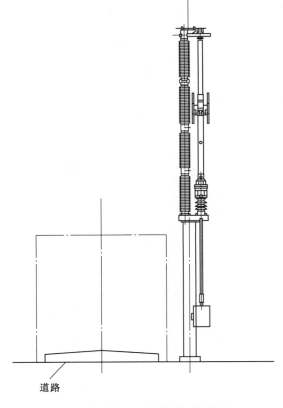

道路

图 B.4　加装独立融冰隔离开关附近
有道路时的典型设计图

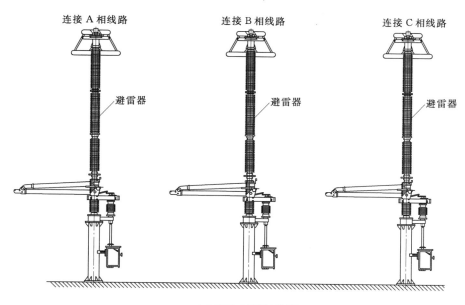

（a）产品主视图（分闸）

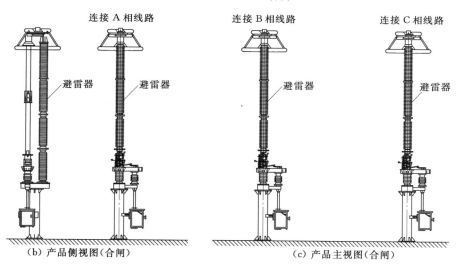

（b）产品侧视图（合闸）　　　　（c）产品主视图（合闸）

图 B.5　带防雷功能的垂直伸缩式融冰搭接隔离开关示意图

接线等），估计实施总费用约 75 万元。

若变电站有 n 条 500kV 线路需加装，则总费用为 $75n$ 万元。

B.2.1.3　方案三：移动直流融冰跨接小车搭接隔离开关方案

1．机构原理

移动直流融冰跨接小车主要由两组高低不同的隔离开关、连接导体及一辆特殊制作小车组成，主要功能是将两组高低不同的融冰连接成电气通路，融冰直流电流由小车隔离开关通过，如图 B.7、图 B.8 所示。

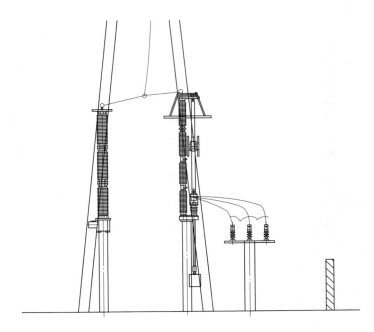

图 B.6 将原出线避雷器更换为带防雷功能的融冰搭接
隔离开关典型设计图

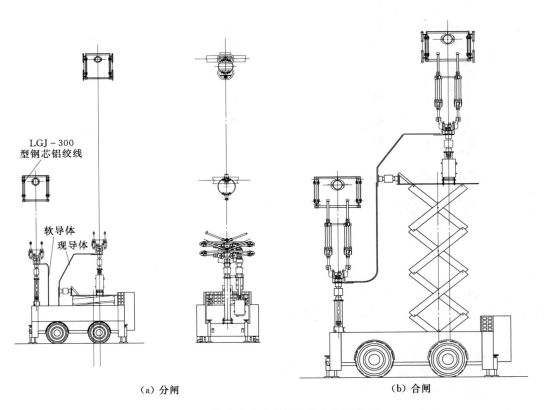

（a）分闸 　　　　　　　　　　　　　　（b）合闸

图 B.7 移动式直流融冰跨接小车示意图

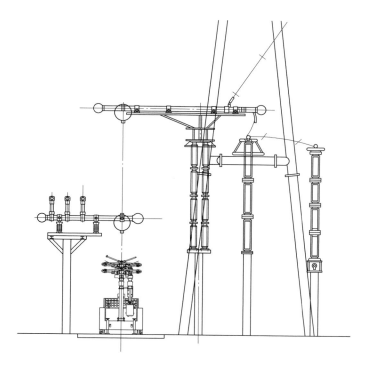

图 B.8　移动直流融冰跨接小车搭接隔离开关典型设计图

2. 适用范围

在变电站配置 3 台移动直流融冰跨接小车，可满足全站所有出线的融冰搭接。每次融冰需要将小车操作至融冰线路处并进行定位，至少需 20min 才能完成搭接。融冰管母与出线避雷器间须有环站道路。该方案需在每条出线对应的融冰管母上和线路出线侧（避雷器与环站道路之间）各加装一组静触头。

3. 实施费用

变电站采购 3 台移动直流融冰跨接小车费用约 390 万元，其他费用根据变电站现有规模和电气布置情况确定。以安顺变改造为例，共改造 500kV 线路 11 回，工程建设总投资约 320 万元（不含小车费）。

B.2.1.4　技术方案对比分析

三种首端搭接技术方案在实施过程中存在投资、占地和施工难易程度的差异，具体情况见表 B.3。

B.2.2　末端短接技术方案

为满足线路融冰要求，要求在末端加装融冰短接隔离开关，实现融冰线路末端三相导线的快速自动短接。在线路正常运行时，融冰隔离开关 A、B、C 三相分别与导线 A、B、C 三相连接，隔离开关处于分闸位置；当线路需要融冰时，首先将线路转为冷备用状态，再闭合融冰短接隔离开关，实现线路末端导线三相短接。

表 B. 3　　　　　　　　　　　　　　**三种首端搭接技术方案对比**

方案名称	投资费用/万元		安装条件	施工量	备注
	设备费	施工费（含设计等）			
搭接方案一：加装独立融冰搭接隔离开关	30n	30n	500kV 线路出线对应的融冰管母附近有足够空间距离安装独立融冰搭接隔离开关	加装 500kV 融冰隔离开关	建议优先选择方案一
搭接方案二：将原出线避雷器更换为带防雷功能的融冰搭接隔离开关	45n	30n	适用于所有 500kV 变电站，需改变原避雷器瓷瓶抗拉强度和均压环结构	拆除原避雷器，加装带防雷功能的 500kV 融冰隔离开关	
搭接方案三：移动直流融冰跨接小车搭接隔离开关方案	390	30n	融冰管母与出线避雷器间须有足够宽的环站道路且出线 CVT（或避雷器）与道路之间有足够距离加装线路侧静触头	原融冰管母上加装静触头；在线路 CVT（或避雷器）与环站道路之间加装线路侧静触头支柱（每条出线一组）	

注　n 为变电站出线回数。

B. 2. 2. 1　方案一：加装独立融冰短接隔离开关

1. 机构原理

本方案采用双静触头水平伸缩式短接隔离开关，短接位置在隔离开关顶端，离地高度约 8m，可跨越站内道路安装，如图 B.9、图 B.10 所示。

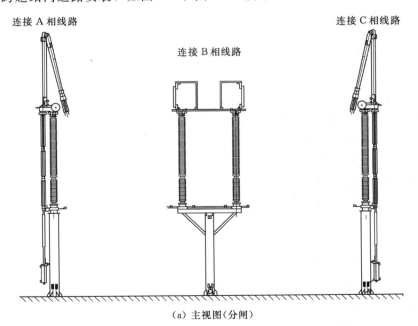

连接 A 相线路　　　　　　　　　连接 C 相线路

连接 B 相线路

（a）主视图（分闸）

图 B. 9（一）　双静触头水平伸缩式短接隔离开关示意图

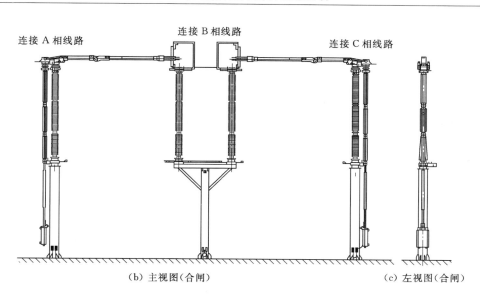

（b）主视图（合闸）　　　　　　　（c）左视图（合闸）

图 B.9（二）　双静触头水平伸缩式短接隔离开关示意图

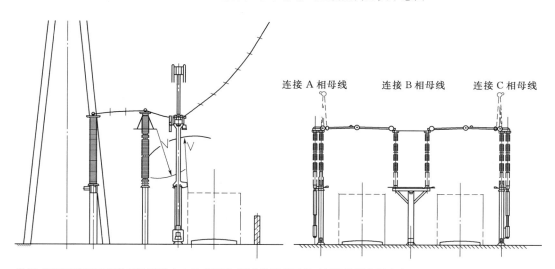

说明：如果融冰隔离开关和站围墙之内没有道路，则融冰隔离开关至围墙的最小距离为 900。

（a）主视图　　　　　　　　　　　（b）侧视图

图 B.10　加装独立融冰短接隔离开关典型设计图

2. 适用范围

在末端变电站融冰线路出线附近加装一组独立的融冰短接隔离开关，实现线路末端三相的自动快速短接和恢复。

3. 实施费用

采购一组融冰隔离开关费用约 30 万元，设计费 3 万元，施工费用约 20 万元，其他约 7 万元（电缆等），估计实施总费用约 60 万元。

若变电站有 n 条 500kV 线路需加装，则总费用为 $60n$ 万元。

B.2.2.2　方案二：将原出线避雷器更换为带防雷功能的融冰短接隔离开关

1. 机构原理

将变电站原出线避雷器更换为带防雷功能的融冰短接隔离开关，实现线路末端三相的自动快速短接和恢复，如图 B.11 和图 B.12 所示。

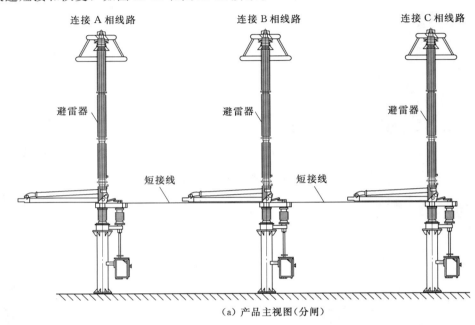

（a）产品主视图（分闸）

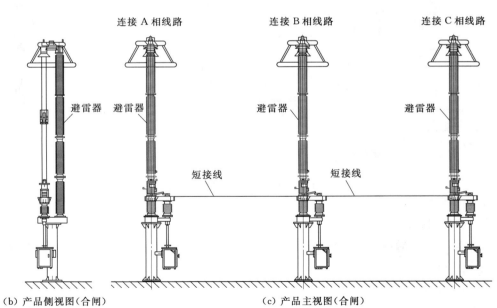

（b）产品侧视图（合闸）　　　　（c）产品主视图（合闸）

图 B.11　带防雷功能的融冰短接隔离开关示意图

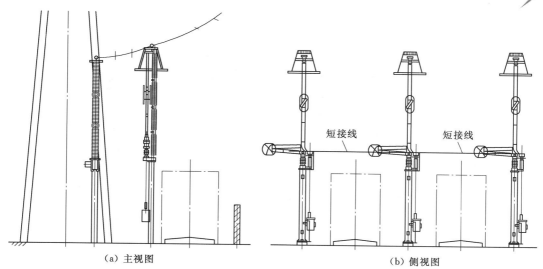

（a）主视图   （b）侧视图

图 B.12   原出线避雷器更换为带防雷功能的融冰短接隔离开关典型设计图

2. 适用范围

带防雷功能的垂直伸缩下端短接式融冰短接隔离开关原则上适用于所有变电站。但由于该隔离开关短接位置在隔离开关下端，略高于隔离开关构架高度，离地高度约 3.5m（可调整），若跨越站内道路安装需提升构架高度。

3. 实施费用

采购一组带防雷功能的融冰搭接隔离开关的设备费约 45 万元，设计费 3 万元，施工费用约 20 万元，其他约 7 万元（电缆、二次接线等），估计实施总费用约 75 万元。

若变电站有 n 条 500kV 线路需加装，则总费用为 $75n$ 万元。

B.2.2.3   方案三：在融冰管母上加装融冰短接隔离开关

1. 机构原理

有融冰管母的变电站作为融冰末端时，则可在融冰管母上加装一组融冰短接隔离开关，实现线路末端三相的自动快速短接和恢复，如图 B.13 和图 B.14 所示。

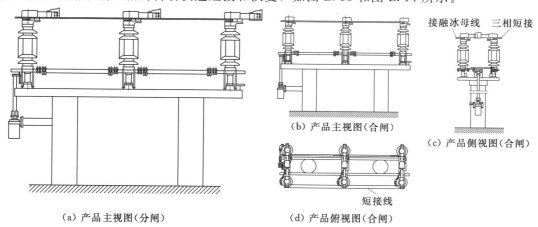

（a）产品主视图（分闸）   （b）产品主视图（合闸）   （c）产品侧视图（合闸）   （d）产品俯视图（合闸）

图 B.13   在融冰管母上加装融冰短接隔离开关示意图

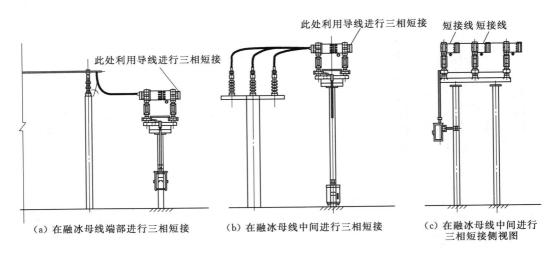

（a）在融冰母线端部进行三相短接　　　（b）在融冰母线中间进行三相短接　　　（c）在融冰母线中间进行
三相短接侧视图

图 B.14　在融冰管母上加装融冰短接隔离开关典型设计图

2. 适用范围

适用于有融冰管母，且作为融冰末端的变电站，且变电站内已安装有融冰装置。

3. 实施费用

采购一组带防雷功能的融冰搭接隔离开关费用约 15 万元，设计费 1.5 万元，施工费用约 3 万元，其他约 2.5 万元（电缆、二次接线等），估计实施总费用约 22 万元。

B.2.2.4　技术方案对比分析

三种末端短接技术方案在实施过程中存在投资、占地和施工难易程度的差异，具体情况见表 B.4。

表 B.4　　　　　　　　　　　　　三种末端短接技术方案对比

方案名称	投资费用/万元		安装条件	施工量	备注
	设备费	施工费（含设计等）			
短接方案一：加装独立融冰短接隔离开关	$30n$	$30n$	适用于融冰线路末端变电站 500kV 出线位置有足够空间距离安装融冰短接隔离开关时	加装 500kV 融冰隔离开关	线路末端有融冰管母时建议优先选择方案三；其他情况建议优先选择方案一
短接方案二：将原出线避雷器更换为带防雷功能的融冰短接隔离开关	$45n$	$30n$	原则上适用于所有 500kV 变电站，需改变原避雷器瓷瓶抗拉强度和均压环结构	拆除原避雷器，加装 500kV 融冰隔离开关	
短接方案三：在融冰管母上加装融冰短接隔离开关	15	7	适用于线路末端也有融冰管母的变电站	加装一组 35kV 融冰隔离开关	

B.3 融冰线路首端搭接技术方案选择

B.3.1 技术方案分析

根据三种融冰隔离开关搭接技术方案，结合相关变电站的场地尺寸，对目前仍然采用人工搭接的 8 条线路进行技术方案选取，具体见表 B.5。

表 B.5   500kV 可融冰线路融冰方式分类统计表

实施变电站名称	方案二：将原出线避雷器更换为带防雷功能的融冰搭接隔离开关	方案一：加装独立融冰搭接隔离开关	总计
六盘水变	3	0	3
息烽变	0	4	4
鸭溪变	0	1	1
总计	3	5	8

由表 B.5 可知，由于 500kV 六盘水变出线侧场地限制，采用方案二，即将原来的出线避雷器更换为带防雷功能的融冰搭接隔离开关。500kV 息烽变和 500kV 鸭溪变采用加装独立融冰接线隔离开关进行搭接工作。

B.3.2 资金及实施年度分析

根据运检公司梳理的这 8 条线路近三年覆冰情况及线路重要度两个方面进行综合考虑，按照逐年实施的原则，建议分三年进行改造，具体改造计划及资金情况见表 B.6。

表 B.6   改造计划及资金情况

序号	线路名称	融冰方式	实施变电站	首端改造费用/万元	近三年最大覆冰情况		计划实施年度
					比值	出现时间	
1	纳二六线[①]	直接融冰	六盘水变	75	0.5	2014-2-15	2016
2	纳一六线[①]	直接融冰	六盘水变	75	0.5	2014-2-15	2016
3	黔烽Ⅰ回[①]	直接融冰	息烽变	60	0.25	2015-2-1	2016
4	黔烽Ⅱ回[①]	直接融冰	息烽变	60	0.25	2015-2-1	2016
5	纳高线	串接融冰	六盘水变	75	0.3	2014-2-12	2017
6	烽贵Ⅰ回	直接融冰	息烽变	60	0.1	2015-2-1	2017
7	烽贵Ⅱ回	直接融冰	息烽变	60	0.1	2015-2-1	2017
8	鸭诗线	直接融冰	鸭溪变	60	0.2	2015-2-2	2018
	合计			525			

① 为根据中调下发《贵州电网发电厂加装直流融冰短接刀闸第二次协调会会议纪要》（黔电调控议〔2014〕56 号）中要求的线路。

由表 B.6 可知，三年首端搭接改造共需资金 525 万元，其中 2016 年实施 4 条线路，共需资金 270 万元；2017 年实施 3 条线路，共需资金 195 万元；2018 年实施 1 条线路，共需资金 60 万元。

B.3.3　实施效果分析

通过三年的实施改造，全网 500kV 可融冰线路的首端搭接全部采用搭接装置（搭接小车、融冰搭接隔离开关）完成。贵州电网首端的人工搭接工作量将由目前的 16.7％下降为 0，如图 B.15 所示。

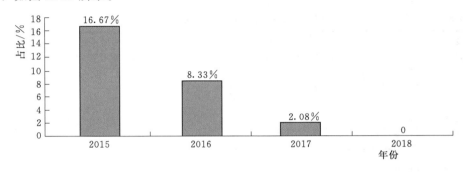

图 B.15　首端需人工搭接线路占比

B.4　融冰线路末端短接技术方案选择

B.4.1　电网侧

按照分类原则，电网侧线路共有 15 条，其中直接融冰 10 条，串接融冰 5 条；根据相关实施改造的变电站出线位置与短接改造技术方案进行对比选择，确定了 15 条线路的短接改造方案及改造费用，具体见表 B.7。

表 B.7　　　　　　　　　电网侧线路末端短接技术方案及改造计划统计表

序号	线路名称	融冰方式	实施变电站名称	拟短线改造方式	改造费用/万元	比值	近三年最大覆冰时间	实施年度
1	安贵Ⅰ回	直接融冰	贵阳变	短接方案一：加装独立融冰短接隔离开关	60	0.2	2013 - 12 - 16	2016
2	福施Ⅱ回	直接融冰	施秉变	短接方案一：加装独立融冰短接隔离开关	60	0.2	2014 - 2 - 10	2016
3	贵醒线	串接融冰	贵阳变	短接方案一：加装独立融冰短接隔离开关	60	0.7	2015 - 1 - 31	2016
4	醒福线	直接融冰	福泉变	短接方案三：在融冰管母上加装融冰短接隔离开关	16	0.7	2015 - 1 - 31	2016
5	鸭烽线	直接融冰	息烽变	短接方案三：在融冰管母上加装融冰短接隔离开关	16	0.35	2015 - 1 - 30	2016
6	鸭福Ⅰ回	直接融冰	福泉变	短接方案三：在融冰管母上加装融冰短接隔离开关	16	0.6	2015 - 2 - 1	2016

续表

序号	线路名称	融冰方式	实施变电站名称	拟短线改造方式	改造费用/万元	比值	近三年最大覆冰时间	实施年度
7	鸭福Ⅱ回	直接融冰	福泉变	短接方案三：在融冰管母上加装融冰短接隔离开关	16	0.3	2015-2-1	2016
8	烽贵Ⅰ回	直接融冰	贵阳变	短接方案一：加装独立融冰短接隔离开关	60	0.1	2015-2-1	2017
9	烽贵Ⅱ回	直接融冰	贵阳变	短接方案一：加装独立融冰短接隔离开关	60	0.1	2015-2-1	2017
10	福施Ⅰ回	直接融冰	施秉变	短接方案一：加装独立融冰短接隔离开关	60	0.1	2015-2-2	2017
11	施铜Ⅱ回	串接融冰	铜仁变	短接方案二：将原出线避雷器更换为带防雷功能的融冰短接隔离开关	75	0.6	2014-2-10	2017
12	鸭诗线	直接融冰	诗乡变	短接方案二：将原出线避雷器更换为带防雷功能的融冰短接隔离开关	75	0.2	2015-2-2	2017
13	施铜Ⅰ回	串接融冰	铜仁变	短接方案二：将原出线避雷器更换为带防雷功能的融冰短接隔离开关	75	0.1	2015-2-1	2018
14	铜松甲线	串接融冰	松桃变	短接方案二：将原出线避雷器更换为带防雷功能的融冰短接隔离开关	75	0.1	2014-2-14	2019
15	铜松乙线	串接融冰	松桃变	短接方案二：将原出线避雷器更换为带防雷功能的融冰短接隔离开关	75	0		2020

15条线路实施改造费用共计799万元。根据这15条线路近几年覆冰情况及实施项目的难易程度，考虑分五年逐步实施完成改造。其中，2016年共需资金244万元，改造7回线路间隔，涉及500kV福泉变、贵阳变、施秉变；2017年共需资金330万元，改造6个线路间隔，涉及500kV贵阳变、施秉变、铜仁变、诗乡变；2018年共需资金75万元，改造1个线路间隔，涉及500kV铜仁变；2019年共需资金75万元，改造1个线路间隔，涉及500kV松桃变；2020年共需资金75万元，改造1个线路间隔，涉及500kV松桃变。

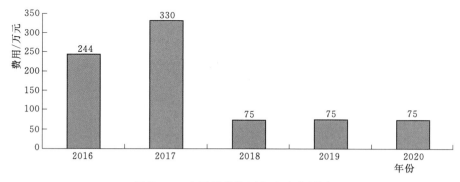

图B.16 电网侧线路逐年改造费用图

B.4.2 电源侧

电源侧线路共有25条，其中直接融冰14条，串接融冰11条；根据贵州电力调度控制中心与相关发电集团商议的会议纪要《贵州电网发电厂加装直流融冰短接刀闸第二次协调会会议纪要》（黔电调控议〔2014〕56 号）内容，通过各电厂提交的电厂安装融冰短接隔离开关的可行性分析报告得出，共计有 9 条 500kV 线路因场地受限等原因不具备安装条件。剩余 16 条 500kV 线路的改造技术方案与改造计划见表 B.8。

16 条电源侧线路实施改造费用共计 1080 万元，于 2015 年年底实施完成。

表 B.8　　　　　　　　　电源侧线路末端短接技术方案及改造计划统计表

序号	线路名称	融冰方式	实施厂站名称	拟短线改造方案	改造费用/万元	比值	近三年最大覆冰时间	实施年度
1	发八甲线	串接融冰	发耳电厂升压站	方案一：加装独立融冰短接隔离开关	60	0.5	2014-2-10	2015
2	发八乙线	串接融冰	发耳电厂升压站	方案一：加装独立融冰短接隔离开关	60	0.7	2014-2-10	2015
3	纳安Ⅰ回	直接融冰	纳雍电厂二厂升压站	方案一：加装独立融冰短接隔离开关	60	0.6	2014-2-13	2015
4	纳二六线	直接融冰	纳雍电厂二厂升压站	方案一：加装独立融冰短接隔离开关	60	0.5	2014-2-15	2015
5	纳一六线	直接融冰	纳雍电厂一厂升压站	方案一：加装独立融冰短接隔离开关	60	0.5	2014-2-15	2015
6	纳安Ⅱ回	直接融冰	纳雍电厂一厂升压站	方案一：加装独立融冰短接隔离开关	60	0.23	2015-2-9	2015
7	盘换甲线	串接融冰	盘南电厂升压站	方案一：加装独立融冰短接隔离开关	60	0.3	2014-2-14	2015
8	盘换乙线	串接融冰	盘南电厂升压站	方案一：加装独立融冰短接隔离开关	60	0.2	2014-2-11	2015
9	黔烽Ⅰ回	直接融冰	黔西电厂升压站	方案二：将原出线避雷器更换为带防雷功能的融冰短接隔离开关	75	0.25	2015-2-1	2015
10	黔烽Ⅱ回	直接融冰	黔西电厂升压站	方案二：将原出线避雷器更换为带防雷功能的融冰短接隔离开关	75	0.25	2015-2-1	2015
11	荷鸭Ⅰ回	直接融冰	鸭溪电厂升压站	方案二：将原出线避雷器更换为带防雷功能的融冰短接隔离开关	75	0.1	2014-2-12	2015
12	黔荷Ⅰ回	串接融冰	黔北电厂升压站	方案二：将原出线避雷器更换为带防雷功能的融冰短接隔离开关	75	0.1	2014-2-12	2015
13	黔荷Ⅱ回	串接融冰	黔北电厂升压站	方案二：将原出线避雷器更换为带防雷功能的融冰短接隔离开关	75	0.1	2014-2-12	2015
14	奢黔甲线	直接融冰	黔西电厂升压站	方案二：将原出线避雷器更换为带防雷功能的融冰短接隔离开关	75	0.05	2014-2-13	2015
15	奢黔乙线	直接融冰	黔西电厂升压站	方案二：将原出线避雷器更换为带防雷功能的融冰短接隔离开关	75	0.05	2014-2-13	2015
16	荷鸭Ⅱ回	直接融冰	鸭溪电厂升压站	方案二：将原出线避雷器更换为带防雷功能的融冰短接隔离开关	75	0		2015
合　计					1080			

B.4.3　超高压公司侧

超高压公司侧线路共有 8 条，其中直接融冰 3 条，串接融冰 5 条。考虑超高压公司侧线路近几年的覆冰情况均不大，暂时考虑采取变电站内短接方式，具体见表 B.9。

表 B.9　　　　　　　　　电源侧线路末端短接技术方案及改造计划统计表

序号	线路名称	融冰方式	融冰装置所在变电站	短接变电站名称	目前末端短接方式	比值	近三年最大覆冰时间
1	安青Ⅰ回	直接融冰	安顺变	青岩变	变电站内人工短接	0.2	2014-2-16
2	安青Ⅱ回	直接融冰	安顺变	青岩变	变电站内人工短接	0.1	2014-2-18
3	八换乙线	串接融冰	安顺变	兴仁换流站	变电站内人工短接	0.1	2014-2-18
4	福青线	直接融冰	福泉变	青岩变	变电站内人工短接	0.3	2014-2-12
5	金换乙线	串接融冰	安顺变	兴仁换流站	变电站内人工短接	0.2	2014-2-12
6	纳高线	串接融冰	六盘水变	安顺高坡换流站	线路短接	0.3	2014-2-12
7	青八甲线	串接融冰	安顺变	青岩变	变电站内人工短接	0.1	2014-1-13
8	青八乙线	串接融冰	安顺变	青岩变	变电站内人工短接	0.1	2015-2-1

B.4.4　实施效果分析

通过五年的末端短接改造计划，贵州电网末端短接工作的人工短接线路占比将由目前的 100% 下降为 35.42%，如图 B.17 所示。

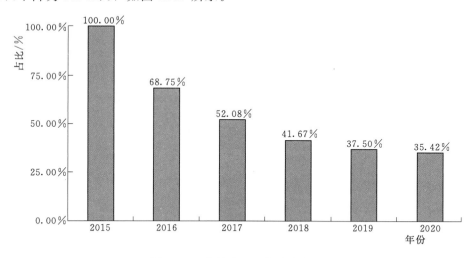

图 B.17　末端人工短接线路占比

参 考 文 献

[1] 钟连宏，马晓红，彭赤，等 . 电网防冰关键技术工程应用 [M]. 北京：中国电力出版社，2014.
[2] 李宏力 . 输电线路融冰的技术措施探讨 [J]. 贵州电力技术，2011，6（14）：37 - 40.
[3] 李宏力 . 提高输电线路融冰工作效率的技术措施 [J]. 广西电力技术，2012，2（35）：42 - 45.
[4] 李宏力 . 融冰线路首端和末端连接方式研究 [J]. 贵州电力技术，2013，增刊 2（16）：53 - 57.
[5] 李宏力 . 完善输电线路融冰回路的关键技术研究 [J]. 科技视界，2013，5（56）：172 - 174.
[6] 胡林生 . 交流电网并联电容法融冰方案研究 [J]. 甘肃水利电力技术，2009，3（45）：30 - 37.
[7] 刘刚，赵学增，王立辉，等 . 基于电容补偿无功电源的长距离架空输电线路融冰仿真实验和方案
       设计 [J]. 电力系统保护与控制，2011，10（39）：44 - 51.
[8] 饶宏，李立涅，黎小林，等 . 南方电网直流融冰技术研究 [J]. 南方电网技术，2008，4（2）：
       8 - 12.
[9] 姚致清，刘涛，张爱玲，等 . 直流融冰技术的研究及应用 [J]. 电力系统保护与控制，2010，11
       （38）：57 - 62.
[10] 李宏力，吴建国 . 基于 LCC、状态评价、可靠性评价和风险评估的设备综合评价方法研究及应用
       [J]. 贵州电力技术，2013，3（16）：24 - 27.

编　后　语

在本书中，既介绍了一些电网中常用的融冰方法，也详细介绍了作者所在公司科研团队的研究成果，很多东西都是新技术、新设备。看过之后，肯定有读者会提出这样的问题：这么多的新技术、新设备，在应用中的效果也许应该还可以，但可靠性怎么样？你们发明人能够保证这些新设备可靠运行吗？

作为一个在电力系统中工作了超过20年的编者而言，当然明白设备的可靠性在电网中扮演着什么角色，一个小小继电器触点的故障，可能导致一场大停电。但是，我也直言不讳地回答：对于这些新技术、新设备在电网中能否可靠运行，我心中真的没有太多的把握！

先看下面的风险评估：

一、应用前的风险评估

序号	存 在 的 风 险	控 制 措 施
一	带防雷保护功能的融冰隔离开关（专利号：ZL 2012 2 0299930.8）	
1	避雷器作为隔离开关的支柱绝缘子使用时，其机构强度不够，在运行人员操作时发生断裂事故	在设备技术规范书中明确提出对避雷器机构强度的要求要与同类型的隔离开关支柱绝缘子的强度相同
2	设备安装在现场后，运行人员在线路带电时误合该隔离开关	（1）设备投运前，开展对运行人员的针对性培训并在现场运行规程中明确操作步骤和方法。 （2）隔离开关的操作受到融冰装置的电气闭锁控制
3	在雷雨天气中，运行人员靠近隔离开关可能发生雷击事故	在现场运行规程中明确：该设备在系统正常运行时作为一个普通的避雷器使用，在雷雨天气运行人员不得靠近它；在融冰时，该设备作为一把普通的融冰隔离开关使用，连接融冰母线和融冰线路
二	带融冰短路功能的融冰隔离开关1（有独立的融冰短路组件，专利号：ZL 2012 2 0115423.4）	
1	在系统正常运行时，误合融冰短路组件，造成系统三相短路事故	（1）设备投运前，开展对运行人员的针对性培训并在现场运行规程中明确操作步骤和方法。 （2）隔离开关和融冰短路组件之间设有机械闭锁装置；当两者都用电动操作机构时，还应设有电气闭锁装置；有条件时融冰短路组件的操作应受到融冰装置的电气闭锁控制
三	带融冰短路功能的融冰隔离开关2（由接地开关改造，增加接地小开关，专利号：ZL 2013 2 0187109.1）	
1	在设备正常运行时，接地小开关处于断开状态，导致线路无法操作到检修状态，线路的感应电压对检修人员造成危害	设备投运前，开展对运行人员的针对性培训并在现场运行规程中明确操作步骤和方法
2	在融冰时，接地小开关处于合闸状态，导致融冰不平衡电流分流入地，达不到融冰效果	设备投运前，开展对运行人员的针对性培训并在现场运行规程中明确操作步骤和方法

二、投运前的风险评估

序号	存在的风险	控 制 措 施
一	带防雷保护功能的融冰隔离开关（专利号：ZL 2012 2 0299930.8）（安装地点、双重命名和数量：略）	
1	设备安装在现场后，运行人员在线路带电时误合该隔离开关	（1）设备投运前，开展对运行人员的针对性培训并在现场运行规程中明确操作步骤和方法。 （2）隔离开关的操作受到融冰装置的电气闭锁控制。 （3）在运行规程中明确相关操作事项
2	在雷雨天气中，运行人员靠近隔离开关可能发生雷击事故	在现场运行规程中明确：该设备在系统正常运行时作为一个普通的避雷器使用，在雷雨天气运行人员不得靠近它；在融冰时，该设备作为一把普通的融冰隔离开关使用，连接融冰母线和融冰线路
二	带融冰短路功能的融冰隔离开关 1（有独立的融冰短路组件，专利号：ZL 2012 2 0115423.4）（安装地点、双重命名和数量：略）	
1	在系统正常运行时，误合融冰短路组件，造成系统三相短路事故	（1）设备投运前，开展对运行人员的针对性培训并在现场运行规程中明确操作步骤和方法。 （2）隔离开关和融冰短路组件之间设有机械闭锁装置；当两者都用电动操作机构时，还应设有电气闭锁装置；有条件时融冰短路组件的操作应受到融冰装置的电气闭锁控制
三	带融冰短路功能的融冰隔离开关 2（由接地开关改造，增加接地小开关，专利号：ZL 2013 2 0187109.1）	
1	在设备正常运行时，接地小开关处于断开状态，导致线路无法操作到检修状态，线路的感应电压对检修人员造成危害	设备投运前，开展对运行人员的针对性培训并在现场运行规程中明确操作步骤和方法
2	在融冰时，接地小开关处于合闸状态，导致融冰不平衡电流分流入地，达不到融冰效果	设备投运前，开展对运行人员的针对性培训并在现场运行规程中明确操作步骤和方法

　　光是从文字上来看，似乎已经很完美了，所有风险已经得到有效控制。但是，对于一个或多个全新的东西，真的就那么有把握吗？没有，如果有把握，我就不是人，而是神了。

　　我是一个喜欢钻研技术的人，因此，解决问题的方法总是从技术的角度去想，如何保证技术的完美性，如何控制制造质量，如何控制安装调试质量，如何提高运行维护水平……，这种想法误导、困扰了我很久很久，却一直没有找到好的解决办法。

　　终于有一天，我好像突然想通了：从技术上无法解决的事，说不定换个角度可以解决呢，比如从管理上呢？是否可以找到突破点呢？于是我花了差不多1年的时间（对于我这位技术型的人来说，用近1年的时间来想管理上的事，实在是一件疯狂的事），终于想通了一些事：其实，可以用一些管理上的方法来解决技术上的问题，其方法可参考文献[10]（《基于 LCC、状态评价、可靠性评价和风险评估的设备综合评价方法研究及应用》）。